矿山安全技术教育通用教材

爆破安全技术

郭兴明　编

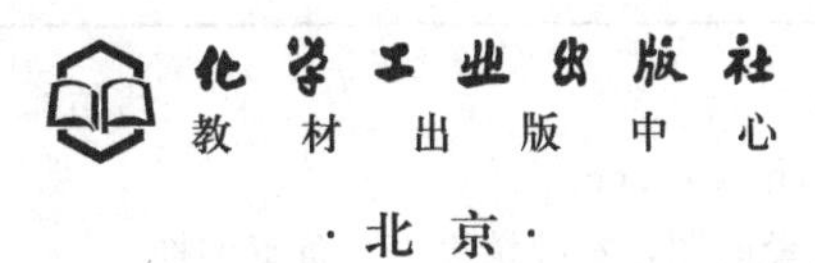
化学工业出版社
教材出版中心
·北京·

图书在版编目（CIP）数据

爆破安全技术/郭兴明编. —北京：化学工业出版社，2005.10（2022.2重印）
（矿山安全技术教育通用教材）
ISBN 978-7-5025-7739-1

Ⅰ. 爆… Ⅱ. 郭… Ⅲ. 爆破安全 Ⅳ. TB41

中国版本图书馆 CIP 数据核字（2005）第 119429 号

责任编辑：张双进　程树珍　　装帧设计：胡艳玮
责任校对：宋　玮

出版发行：化学工业出版社（北京市东城区青年湖南街 13 号　邮政编码 100011）
印　　装：北京科印技术咨询服务有限公司数码印刷分部
720mm×1000mm　1/16　印张 7¾　字数 143 千字　2022 年 2 月北京第 1 版第 6 次印刷

购书咨询：010-64518888　　售后服务：010-64518899
网　　址：http://www.cip.com.cn
凡购买本书，如有缺损质量问题，本社销售中心负责调换。

定　　价：**28.00 元**

前　言

为了贯彻落实《中华人民共和国矿山安全法》，根据《煤矿安全规程》、《矿山安全条例》、《中华人民共和国民用爆炸物品管理条例》、《爆破安全规程》中有关民用爆炸物品（指非军用的爆炸物品）使用和管理的规定，更好地指导民爆物品管理工作，进一步提高涉爆从业人员业务技能和管理水平，大幅度地降低爆破事故，促进民爆工作向着标准化、规范化健康发展，根据安全技术教育的特点和需要，编写了这本教材。

本书的内容由安全法规、安全管理、爆破操作和安全技术等部分组成。全书分为爆破基础知识、爆破器材安全管理、爆破操作技术、爆破技术、涉爆人员的职责和爆破操作举案说理六部分。

在编写中，力求做到简明扼要，达到实用性和针对性有机统一。在编写过程中，吸收和借鉴了有关爆破方面书籍的精华，在此谨向各位作者表示衷心的感谢。

由于编者水平有限，书中难免有错漏之处，敬请有关专家和读者批评指正。

编者

2005.8

目　　录

第一章　爆破基础知识 …… 1

第一节　炸药 …… 1

一、爆炸现象和炸药的概念 …… 1

二、工业炸药 …… 3

第二节　起爆器材 …… 5

一、雷管 …… 6

二、导火索 …… 11

三、导爆索 …… 11

第三节　起爆电源 …… 12

一、利用照明线、动力线作起爆电源 …… 13

二、发爆器 …… 14

第四节　起爆方法 …… 16

一、导火索起爆法 …… 16

二、导爆索起爆法 …… 17

三、导爆管起爆法 …… 18

四、电力起爆法 …… 19

第二章　爆破器材安全管理 …… 22

第一节　爆破器材的储存 …… 22

一、爆破器材安全要求 …… 22

二、爆破器材的存放 …… 23

三、爆破器材储存中不安全因素 …… 25

第二节　爆破器材的运输 …… 26

一、爆破器材运输的安全要求 …… 26

二、爆破器材运输的注意事项 …… 27

三、爆破器材运输中不安全因素 …… 30

第三节　爆破器材的销毁 …… 31

一、爆破器材的检验 …… 31

二、爆破器材销毁的一般规定 …… 31

三、销毁场地与安全设施 …… 32

四、销毁方法 …… 32

五、销毁爆炸物品的注意事项 …… 32

第三章　爆破操作技术 …… 34
第一节　爆破作用原理 …… 34
一、爆破作用 …… 34
二、外部爆破作用 …… 34
三、内部爆破作用 …… 35
第二节　影响爆破效果的因素 …… 36
一、对工程爆破的基本要求 …… 36
二、影响爆破效果的主要因素 …… 37
第三节　采掘爆破技术 …… 39
一、概述 …… 39
二、工作面炮眼布置 …… 40
三、爆破参数 …… 44
四、爆破作业图表 …… 45
五、爆破落煤工作面回采工艺 …… 46
第四节　地面爆破的基本方法 …… 49
一、炸大块孤石 …… 49
二、梯段爆破 …… 50
三、硐室爆破 …… 55
四、特种爆破工作 …… 60
第五节　爆破操作工艺 …… 66
一、爆破前的准备工作 …… 66
二、连线与放炮 …… 75
三、放炮后的清查工作 …… 82
第四章　爆破技术 …… 84
第一节　爆破安全距离 …… 84
一、爆破地震作用安全距离 …… 84
二、爆破冲击波安全距离 …… 85
三、个别飞散物安全距离 …… 85
四、贯通巷道爆破安全距离 …… 86
第二节　拒爆、早爆的预防 …… 87
一、拒爆的原因 …… 87
二、拒爆的预防和处理 …… 88
三、早爆的防治 …… 88
第三节　炮烟的危害 …… 91
一、产生炮烟熏人的原因 …… 91
二、预防炮烟熏人的措施 …… 92

第五章　涉爆人员的职责 …… 93
第一节　爆破器材管理人员的职责 …… 93
一、押运员的职责 …… 93
二、看库员和保管员的职责 …… 94
三、试验员的职责 …… 95
四、安全员的职责 …… 95
五、爆破材料库主任的职责 …… 95
第二节　爆破作业人员的职责 …… 96
一、爆破工作领导人的职责 …… 96
二、爆破工程技术人员的职责 …… 96
三、爆破段（班）长的职责 …… 97
四、爆破员的职责 …… 97
第六章　爆破操作举案说理 …… 98
第一节　爆破器材的安全管理 …… 98
第二节　放炮的安全管理 …… 100
附录1　工业雷管编码通则（GA 441—2003） …… 106
附录2　爆破作业人员职业技能鉴定试题范例 …… 112
参考文献 …… 117

第一章　爆破基础知识

第一节　炸　药

一、爆炸现象和炸药的概念

（一）爆炸现象

在生产、科学试验和日常生活中，经常会遇到各种爆炸现象。如锅炉爆炸、轮胎爆炸、鞭炮爆炸等，爆炸时，伴随有强烈的发光、声响和破坏效应。广义地讲，爆炸是物质系统一种急速的物理或化学变化。在变化过程中，瞬间放出其内含有的能量，并借助系统内原有气体或爆炸生成气体的膨胀，使附近物体受到冲击或破坏。

按爆炸产生的原因及特征，可将爆炸现象分为：物理爆炸、化学爆炸、核爆炸三类。

1. 物理爆炸

由物态的变化所引起的爆炸。爆炸前后物质的性质及化学成分没有改变，如锅炉爆炸，氧气瓶的爆炸都是物理爆炸。

2. 化学爆炸

由化学变化造成的爆炸。在整个过程中物质的化学成分发生了变化，如炸药的爆炸、井下瓦斯或煤尘与空气混合物的爆炸都是化学爆炸。在实际生产中，主要是应用炸药的化学反应。

3. 核爆炸

由核裂变或核聚变引起的爆炸。核爆炸瞬间放出极大的能量，相当于数万吨梯恩梯（TNT），爆炸中心区的温度和压力相当大，并辐射出很强的各种射线。

（二）炸药

炸药是在一定条件下，能够发生快速化学反应，放出能量，生成气体产物，显示爆炸效应的化合物或混合物。炸药爆炸是化学爆炸的一种。

1. 炸药爆炸三要素

（1）化学反应过程大量放热　放热是化学爆炸反应得以自动高速进行的首要

条件，也是炸药爆炸对外做功的动力。

（2）爆炸反应过程的高速度　爆炸可在瞬间完成，这是区别于一般化学反应的显著特点。例如1kg TNT完全爆炸只需要10^{-5}s的时间，而1kg煤完全燃烧能放热8950kJ，比TNT约多一倍，但反应时间要几十分钟，不具备爆炸条件。

（3）爆炸生成大量气体　炸药化学反应所产生的气体物，是爆炸做功的媒介。由于气体具有很高的膨胀系数，炸药爆炸瞬间产生大量高温气体产物，在膨胀过程中，将能量迅速转变为机械功，对周围物体造成破坏。

2. 炸药的组成特点

① 炸药本身含有化学反应的最终产物CO_2和H_2O生成时的必要元素碳、氢、氧等；

② 炸药的能量储存于具有爆炸结构的分子中；

③ 炸药多是由能量密度很大的固态或液态物质组成的。

由于炸药具有以上的组成特点，说明炸药是不稳定体系的物质，在不受任何外界作用的条件下，炸药应该是安定的，不会发生爆炸，因而才可以安全的储存和运输。如果受到外界作用，就会使炸药失去其相对的稳定状态，发生爆炸。所以炸药既是安定又是不安定的物质。

3. 炸药化学变化的基本形式

由于环境和引起炸药化学变化的条件不同，一种炸药可能有三种不同形式的化学变化：缓慢分解、燃烧和爆炸。这三种形式以不同的速度进行并产生不同的产物和热效应。

（1）缓慢分解　炸药在常温下也会缓慢分解，温度愈高，分解愈快。所以在储存炸药时不要堆放的过密、过高，要注意通风，防止炸药因温度过高导致分解加快而引起爆炸事故。

（2）燃烧　同其他可燃物一样，炸药在热源（例如火焰）作用下，也会燃烧，只是炸药燃烧不需要外界供给氧。炸药的快速燃烧（数百米每秒）又称爆燃。但是当燃烧生成的气体或热量不能及时排出时，可能导致爆炸。因此，当遇到炸药燃烧时，切不可以采用沙土覆盖法去灭火。

（3）爆炸　与燃烧反应相类似，爆炸反应本质上也是氧化反应。其区别在于爆炸是炸药受到外界足够大的作用时，会发生最猛烈的化学反应，该反应以冲击波的形式高速传播，激起化反应后不受环境影响，而燃烧是靠热传导来进行能量传递。

爆炸反应传播速度保持在稳定时的化学反应称为爆轰。爆轰是炸药化学变化的最高形式，人们靠炸药做功，主要就是利用它的爆轰特性。

炸药的上述三种化学变化形式，在一定条件下，都是能够相互转化的。缓慢分解可以发展为燃烧、爆炸；反之，爆炸也可以转化为缓慢分解。

二、工业炸药

工业炸药是指用于采矿、铁路、水利、建材等部门的民用炸药。工业炸药的性能和质量对爆破效果和安全有直接的影响，因此它应满足如下要求：爆炸性能良好，并能被普通工业雷管所起爆，有足够的爆炸威力；能保证制造、运输、保管和使用的安全；物理、化学性能稳定，储存期间不致变质或自动爆炸，爆炸生成的有毒气体较少；品种要多，能适应各种不同使用条件；原料来源广泛，价格便宜。

（一）炸药的分类

1. 按用途分类

（1）起爆药　这类炸药对外界作用特别敏感，加热、摩擦、撞击均易引起爆炸。起爆药主要用于制造起爆器材，如火雷管、电雷管等。常用的有氮化铅、雷汞、二硝基重氮酚等。

（2）猛炸药　同起爆药相比，猛炸药的感度较低，在使用时必须用起爆药来引爆。这类炸药爆炸威力大，破碎岩石的效果好，它是用于爆破作业的主要材料之一。常用的猛炸药有梯恩梯、黑索金、硝化甘油等。

（3）发射药　发射药的特点是它对火焰的感度极高，遇火能迅速燃烧，在密封条件下可转为爆炸。此类炸药用于军事上发射炮弹和火箭等。民用爆破工程中用以制作导火索的发射药为黑火药。

2. 按炸药的组成分类

（1）单体炸药　这种炸药是由单一的化合物组成，多数是分子内部含有氧的有机化合物，在一定的外界条件作用下，发生高速的化学反应，进行分子内的燃烧和爆轰。这类炸药有：梯恩梯（TNT）、黑索金（RDX）、奥克托金（HMX）、泰安（PETN）、特屈儿（CE）、硝化甘油炸药（NG）等。

（2）混合炸药　混合炸药本身是含有两种组成成分以上的混合物，又叫爆炸性混合物。这类炸药有气态的、液态的和固态的，其中以固态最多。大多数工业炸药都属于混合炸药。

（二）硝铵类混合炸药

硝铵类混合炸药是以硝酸铵为主要成分的混合炸药，它具有反应完全，爆炸后生成气体量大，原料来源广泛，制作工艺简单、可靠，成本低，炸药性能较好的特点。常用的硝铵类炸药有铵梯炸药、铵油炸药、铵松蜡炸药等。

1. 铵梯炸药

铵梯炸药是中国生产最多、使用最广泛的一种炸药，它主要由硝酸铵、梯恩梯和木粉三种成分组成。各主要成分的作用及基本性质如下。

(1) 硝酸铵　硝酸铵是构成铵梯炸药的主要成分，一般占炸药总量的65%～95%。硝酸铵是一种敏感度很低的弱性炸药，不能直接用普通工业雷管起爆，但当温度高于400℃时可爆炸。硝酸铵在铵梯炸药中起氧化剂作用。硝酸铵具有较强的吸湿性和结块性，吸湿结块的硝酸铵会极大地降低炸药的爆炸性能。

(2) 梯恩梯（TNT）　梯恩梯有苦味和毒性，吸湿性很小，几乎不溶于水，可用于水中爆炸。在铵梯炸药中占8%～15%，它是一种敏化剂，既可以提高炸药的敏感度，又能增加炸药的威力。

(3) 木粉　木粉在铵梯炸药中主要起疏松剂的作用，可减少炸药结块，它也是可燃剂。为防止和减少铵梯炸药吸湿结块，有时还加入少量的抗水物质，如石蜡和沥青。

(4) 食盐　食盐不参加爆炸反应，它主要起消焰作用，在有瓦斯和矿尘爆炸危险的矿井中使用含食盐的炸药，有利于安全。

国产铵梯炸药有露天炸药、岩石炸药和煤矿安全炸药等品种。结成硬块的用手揉松的炸药，严禁在井下使用。铵梯炸药的水分超过0.5%时，不许在井下使用。水分高的炸药必须按规定经过干燥后才能使用。铵梯炸药从制造之日算起，允许储存6个月，含有食盐的为4个月。

2. 铵油炸药

铵油炸药也是中国大量使用的一种炸药，它的主要成分是硝酸铵，并配以适量的柴油及木粉而成。硝酸铵为氧化剂，柴油是可燃剂。铵油炸药最常用的配方是：硝酸铵∶柴油∶木粉＝92∶4∶4（质量比）。这种炸药感度低，起爆比较困难，其爆炸威力低于铵梯炸药。这种炸药吸湿及固结的趋势更为严重，故最好不要储存，现做现用，允许储存期为15天（雨季为7天）。目前，铵油炸药是中国金属矿山井下采矿爆破和露天的岩石剥离爆破使用最多的炸药之一。

3. 铵松蜡炸药

铵松蜡炸药是一种防水型矿用炸药，在中国金属矿山使用较广泛。它不含梯恩梯，适用于无瓦斯、煤尘爆炸危险的矿山爆破工程。这种炸药原料来源广泛、制作容易，不含猛炸药，成本低廉，抗水性好，炸药性能稳定。

4. 浆状炸药

浆状炸药外观呈糊状，它是以氧化剂水溶液、敏化剂和胶凝剂等为基本成分的抗水性硝铵类炸药。浆状炸药同一般铵梯炸药不同，炸药中含有10%～15%的水，使硝酸铵成为饱和溶液，不再吸水，起到以水抗水的作用，同时使炸药密度增加成为连续介质，便于传爆。这样既增大了炸药的体积威力，也使炸药具有可塑性，便于机械化操作。由于浆状炸药具有抗水性能好、密度高、原料来源广、爆破威力大、使用安全等优点，因而在露天矿有水的深孔爆破中广泛使用。

5. 水胶炸药

水胶炸药是一种以硝酸铵（氧化剂）、甲胺硝酸盐（敏化剂）为主要成分的胶状混合炸药。水胶炸药具有密度高、威力大、抗水性好、热感度和机械感度低、使用和储运安全、爆炸后产生有毒气体少，并且可直接用雷管起爆等优点。工程实践中，在淋水较大的竖井施工中应用取得了良好的效果。

6. 乳化油炸药

乳化油炸药是一种新型的抗水炸药，又称乳胶炸药，其主要成分是硝酸铵（氧化剂）、柴油和石蜡（可燃剂）、失水山梨醇（乳化剂）、敏化气泡和珍珠岩（敏化剂）以及水组成。乳化油炸药具有抗水性能强、爆炸性能好、机械感度低等优点，而且炸药不含有毒成分，爆炸产生的有毒气体少，因而无论生产、储存、运输、使用都比较安全。

7. 其他工业炸药

（1）硝化甘油炸药　硝化甘油炸药又称胶质炸药，它的主要成分是硝化甘油。硝化甘油为淡黄色油状液体，受撞击或震动很易爆炸，尤其在冻结时更敏感。硝化甘油炸药以硝酸铵或硝酸钾、硝酸钠做氧化剂，以硝化棉为吸收剂和胶结剂，以木粉为疏松剂。耐冻胶质炸药中还另加入硝化乙二醇。硝化甘油炸药抗水性强，密度大，爆炸威力大。但是它的撞击和摩擦感度高，安全性差，价格贵，保管期不长，易老化。因此，应用范围日益减小，一般只在水中爆破使用。

（2）黑火药　黑火药由硝酸钾、木炭和硫磺组成。硝酸钾是氧化剂；木炭是可燃剂；硫磺既是可燃剂，又起到木炭和硝酸钾的黏合剂作用，有利于火药的造粒。黑火药摩擦感度相当高，对火花很敏感，爆发点为290～310℃。在密闭条件下导火索的火焰即可起爆黑火药，但其爆炸威力较低。工程爆破中黑火药一般只用于开采石材和石膏。大部分黑火药用以制造导火索。

第二节　起爆器材

起爆器材包括进行爆破作业引爆工业炸药的一切点火和起爆工具。按其作用可分为起爆材料和传爆材料。各种雷管属于起爆材料，导火索、导爆管属于传爆材料。继爆管、导爆索既可起爆，又可用于传爆，是两者的综合。起爆器材的基本要求是安全可靠，使用简单、方便，具体要求如下。

① 具有足够的起爆能力和传爆能力；

② 能适应多种作业环境；

③ 延时精确；

④ 便于储存和运输。

一、雷管

雷管是实施爆破作业必不可少的器材，根据起爆力（雷管装药量），雷管分为1～10号，号数愈大起爆力愈大，采矿生产中常用的是8号雷管。雷管的分类方法如下。

① 按管壳材料可分为：金属壳—铜、铁、铝壳等；非金属壳—塑料、纸管壳等；

② 按点火方式可分为：火雷管、电雷管、非电雷管，火雷管是一切雷管的基础。

1. 火雷管

在工业雷管中，火雷管是最基本的一个品种，如图1-1所示，可由火焰直接引爆。它具有结构简单，生产效率高，使用方便、灵活，价格便宜，不受各种杂电、静电及感应电的干扰，至今仍在使用。但由于导火索在传递火焰时，难于避免速燃、缓燃等致命弱点，在使用过程中产生了大量爆破事故。因此，使用范围和使用量受到极大限制，特别是煤矿井下不能使用。

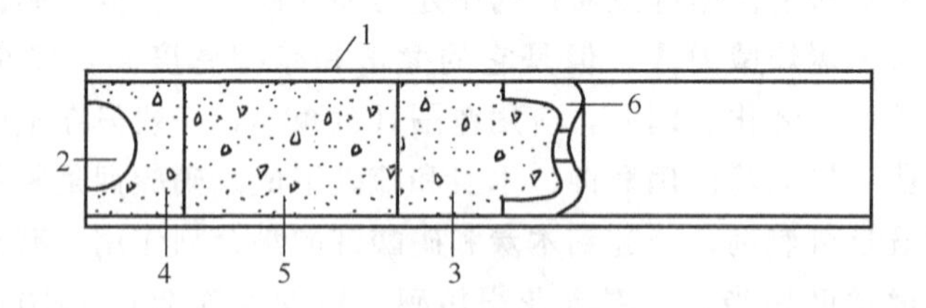

图1-1 火雷管的构造

1—管壳；2—聚能穴；3—起爆药；4—头遍猛炸药；
5—二遍猛炸药；6—加强帽

2. 电雷管

电雷管的基本部分与火雷管相同，所不同的只是电雷管采用电引火装置，此装置由桥丝、药头、塑料塞和脚线（导电线）组成。

电雷管分为瞬发电雷管及延期电雷管。延期电雷管分为秒或半秒延期电雷管与毫秒延期电雷管。

(1) 瞬发电雷管　瞬发电雷管是瞬间（10ms以内）（1ms即千分之一秒）发火引爆的雷管，实际上它是由火雷管和一个发火元件组成，其结构如图1-2所示。当接通电源后，电流通过桥丝发热，使引火头发火，导致整个雷管爆轰。

在爆破作业中，用瞬发电雷管只能采用分次装药、分次爆破的方法。也就是先放掏槽眼，经通风吹出炮烟后，再装药放辅助眼。如此分次装药、通风、放炮、通风，直到工作面各组炮眼依次放完为止。这样既浪费时间，又因多次产生

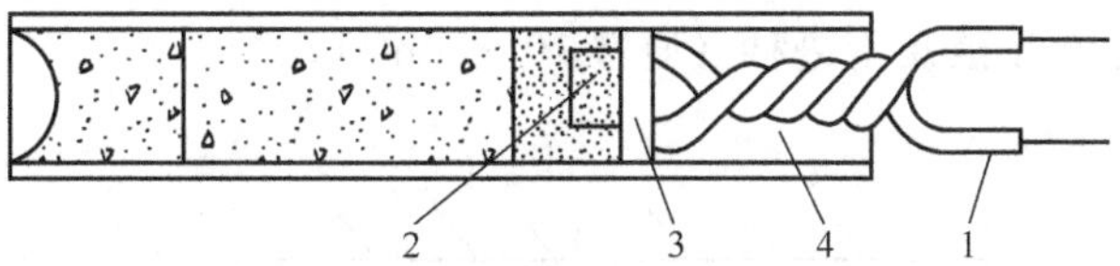

图 1-2　瞬发电雷管的构造

1—脚线；2—桥丝；3—纸垫；4—硫磺封口

炮烟，对职工身体健康不利。为了缩短爆破时间并提高爆破效果，工程实践中常使用秒延期电雷管和毫秒延期电雷管。

（2）秒延期电雷管　秒延期电雷管（段发电雷管）通电以后，间隔 1s 才能引爆的电雷管称段发电雷管。秒延期电雷管总要分若干“段”同时使用，即通电以后，每段雷管按间隔 1s 顺次起爆。

秒延期电雷管的结构如图 1-3 所示。其基本结构与瞬发电雷管相同，仅是在引火装置与起爆药之间放进一段导火索或延期药，延长雷管起爆时间，另外在桥丝上粘点火药头。

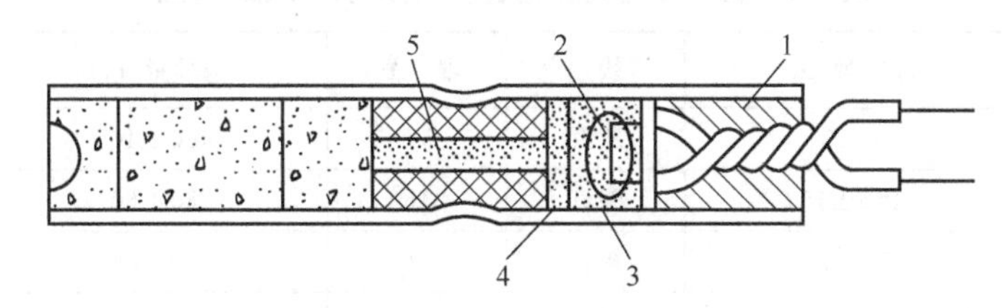

图 1-3　秒延期电雷管的结构

1—塑料塞；2—点火药头；3—排气孔；4—片黑火药；5—导火索

通电以后，灼热的桥丝引燃药头，药头点燃导火索，导火索再引爆起爆药。导火索燃烧时的废气经排气孔排出。调整导火索的长度，就可获得不同的延期时间。目前生产的秒延期电雷管有 5 个段别，即雷管起爆时，延期的秒量有 5 段，通常从脚线上配色作为段别标志，加以区别。

秒延期电雷管广泛用于采矿和掘进工作中，但在有瓦斯、煤尘爆炸危险的矿井中不准使用。这是因为在前一段雷管起爆后，瓦斯涌出，或煤尘飞扬，如果瓦斯、煤尘的浓度达到爆炸界限，下一段雷管起爆，就容易引起瓦斯或煤尘爆炸。合格的瞬发雷管和秒延期电雷管，当通过 0.7A 直流电时，经 0.3s 必须发火，而当通过 0.05A 直流电时，应持续 5min 不发火；用 20 发串联组成的铁脚线瞬发雷管或秒延期电雷管进行串联起爆试验时，康铜桥丝的电雷管通以 2A 直流电，镍铬桥丝通以 2A 直流电应全部发火。

（3）毫秒延期电雷管　毫秒延期电雷管是通电后，经若干毫秒后才发生爆炸的电雷管，如图 1-4 所示。它的结构和秒延期电雷管相同，只是延期时间较短，即各段间隔只有十几至几十毫秒（通常 10～50ms）。

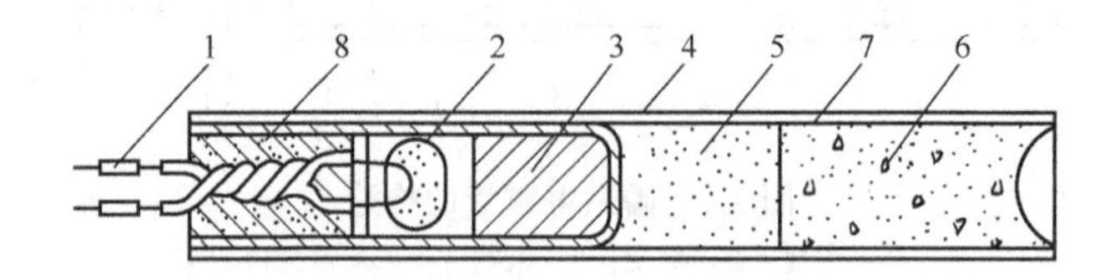

图 1-4 毫秒延期电雷管的结构

1—脚线；2—点火头；3—延期药；4—内铜管；5—正起爆药；6—副起爆药；7—管壳；8—硫磺

使用毫秒延期电雷管进行爆破，有利于提高炮眼利用率，降低炸药消耗量。毫秒延期电雷管专供毫秒微差爆破作业使用。在有瓦斯、煤尘或矿尘爆炸危险的矿山，可采用总延期时间不超过 130ms 的 1～5 段煤矿毫秒延期电雷管。国产毫秒延期电雷管延期时间及段别标志见表 1-1。

表 1-1 国产毫秒延期电雷管延期时间及段别标志

段 别	毫秒量/ms	脚线颜色	段 别	毫秒量/ms	标 志
1	＜13	灰红	11	460±40	用标牌区分
5	110±15	绿红	15	880±60	//
4	$75\pm^{15}_{10}$	灰白	14	760±55	//
6	150±20	绿黄	16	1020±70	//
7	$200\pm^{20}_{15}$	绿白	17	1200±100	//
2	25±10	灰黄	12	550±45	//
8	250±25	黑红	18	1400±100	//
9	310±30	黑黄	19	1700±130	//
10	380±35	黑白	20	2000±150	//
3	50±10	灰蓝	13	650±50	//

合格的镍铬丝纸壳毫秒延期电雷管，单发通以 0.7A 恒定直流电，必须发火；20 发串联后通以 1.5A 恒定直流电能全部爆炸，进行铅板穿孔试验时，其穿孔直径不小于 8.5mm。

（4）抗杂毫秒电雷管　抗杂毫秒电雷管（简称抗杂管）主要用于有杂散电流危害矿山和爆破区段。在金属矿山，由于杂散电流问题突出，一般采用火雷管起爆。如果必须采用电气起爆，则要采取相应的措施。如采矿场大爆破时，装药连线以前必须停电，这样势必要影响其他工作的正常进行，若采用抗杂雷管可以解决这个矛盾。目前中国抗杂雷管有两种，无桥丝抗杂毫秒电雷管和低阻桥丝抗杂毫秒电雷管，它们与普通毫秒电雷管的区别主要在于电引火结构。

普通工业雷管，1V 左右的电压可以引爆，而上述抗杂毫秒雷管的安全电压可达 5V，发火电压需 10～20V。当药头受到 10～15V 以上电压时，导电颗粒因热效应而膨胀，电阻下降；电阻下降后，电流剧增，导电颗粒的接触状态进一步改善，使电阻再下降。如此下去，药头即可很快被加热到发火点。

用 380V 交流电源，可串联准爆上述雷管 10 发，用 900V 的发爆器可串联准爆 50 发。

低阻桥丝抗杂电雷管与普通毫秒电雷管的主要区别在于：桥丝材料和直径不同。它用低阻值的紫铜丝代替了康铜丝和镍铬丝。

引火头药剂的组成为氯酸钾、木炭、骨胶和羧甲基纤维素。引火头的制造是生产抗杂雷管的关键工序，直接影响参数的准确程度。抗杂雷管的有关发火参数为：桥丝直径 60μm，全电阻 0.25～0.3Ω，最大安全电流 2.3A，最小准爆电流 3.2A，传导时间 2.75ms。低阻桥丝式抗杂雷管具有良好的抗杂散电流性能，基本上满足了地下矿山在电气设备不停电条件下进行爆破作业的要求。适用于中小型矿山采矿和掘进爆破作业之用。缺点是由于抗杂雷管桥丝电阻很小，用现有测量仪表不易查出桥丝是否短路，有待试制新的专用测量仪表，另外其防潮能力差。

3. 电雷管的电性能参数

电雷管起爆是由于电流通过桥丝，使之灼热而引燃点火头，最后导致起爆药的爆炸。因此，电雷管的桥丝电阻，及通过电流的大小，对电雷管能否发火起爆影响很大。一般电雷管的电性能参数主要有：电雷管的全电阻，最大安全电流，最小准爆电流、20 发串联准爆电流等。

（1）电雷管全电阻　国产秒延期电雷管和毫秒延期电雷管的全电阻（电雷管的全电阻包括桥丝电阻和脚线电阻的）见表 1-2。由于桥丝极细（一般为 50μm），其焊接又都是手工操作，所以电雷管的电阻值总有一些差别。为了使成组电雷管能同时准爆，要求每个雷管电阻差值不大于 0.25Ω，当使用电雷管进行大规模成组爆破时，若不能满足此要求，应尽量将电阻值接近的雷管编在一组使用。

表 1-2　国产秒延期电雷管和毫秒延期电雷管的全电阻

电雷管种类	脚线材料和长度/m		雷管全电阻/Ω	
	铁线	铜线	康桥铜丝	镍铬桥丝
秒延期电雷管	2		≤4	≤6.3
毫秒延期电雷管	2		3.6	5.9
毫秒延期电雷管		2	1.5	3.8

了解雷管电阻的目的在于检查电雷管质量。如桥丝短路、断路，桥丝与脚线焊接不牢，虚焊等都可通过测量电阻值查出来。另外，雷管电阻值也是爆破网路计算的主要参数。

(2) 最小准爆电流　长时间通入恒定直流电，能使雷管发生爆炸的最小电流。国产雷管的最小准爆电流一般不超过 0.7A。在具体测定中，通电时间以 1min 为限，单发测试，以连续 25 发的试验数据为准。求测雷管的最小准爆电流是为了查看雷管的极限准爆电流值。以保证在爆破施工中，通入规定电流，确保雷管起爆。

(3) 最大安全电流　长时间通入恒定直流电，不会使电雷管发生爆炸的最大电流。国产电雷管的最大安全电流，康铜桥丝为 0.3～0.5A，镍铬桥丝为 0.125A。国家标准规定：雷管的安全电流为 50mA，以 50mA 恒定直流电通入雷管，持续 6min，不允许发生爆炸。目前生产的检查雷管导通性与电阻值的仪表，其工作电流均应小于上述安全电流。在具体测试中，通电时间以 1min 为限，以 25 发的测试数据为准。

求测雷管的最大安全电流是为了查明雷管的极限安全电流值，用以判定在爆破施工中，雷管是否被杂散电流所引爆；另外，也是限制检查仪表的通电电流的指标。但应注意，尽管有时进行安全电流试验仍有可能发生爆炸，对此应采取一定的安全措施，不可粗心大意。

(4) 串联准爆条件及串联准爆电流　电雷管成组起爆时，由于各雷管的电阻值有差异，对电能的敏感度不同，在多发一起引爆时，有些敏感的雷管可能先爆炸而炸断电路，致使钝感的雷管未被引燃而产生拒燃。产生上述现象的原因主要是雷管的桥丝极细，质量不一，在同样的电流作用下，红热的时间有快有慢，这样引燃就会有先后，当先红热的桥丝引燃点火剂，使雷管爆炸造成电路断路，就有可能使桥丝红热较慢的雷管得不到足够的电能引燃点火剂而造成拒爆。

要使成组串联雷管一个不落地全部准爆，应满足下面不等式的条件：

$$T_{最钝} \leqslant T_{最敏} + Q_{最敏}$$

式中　$T_{最钝}$——最钝感雷管的点燃时间；

$T_{最敏}$——最敏感雷管的点燃时间；

$Q_{最敏}$——最敏感雷管的传导时间。

上述不等式的含义是，同组串联雷管中，最钝感雷管点燃时间应小于或等于最敏感雷管的点燃时间与传导时间之和；也就是在最敏感雷管的桥丝分断以前，最钝感雷管应被点燃，才能出现串联准爆，这就是串联准爆条件。

要实现串联准爆条件关键在于，要设法减少最钝感雷管的点燃时间，上述不等式才能实现。由于雷管的点燃时间随电流的增大而减少，雷管药头的传导时间与电流大小关系不大，可见，取得串联准爆的途径就是适当加大通入雷管的电流。

为了保证成组电雷管的准爆，应做成组雷管准爆试验。试验方法，一般取20发雷管串联为准，将待试验的雷管分成若干组预先串联起来，每组20发，然后以恒定直流电由小到大依次通入各串联组，连续三次使组内雷管全部爆炸的最小电流称为串联准爆电流。

中国有关标准规定，20发雷管串联时，康铜桥丝通以2A恒定直流电，镍铬桥丝通以1.2A恒定直流电，应全部爆炸。在实际爆破施工中，为了可靠起见，采用直流电，选用准爆电流不小于2.5A，交流电不应小于4A。另外还应注意，为了实现串联雷管的准爆，在施工中，同一网路应采用同一工厂，同一品种，同一时间出产的雷管，否则易发生漏爆。

二、导火索

导火索是用来引爆雷管或黑火药的，也可以当作延期元件。它是以黑火药为药芯，外面包裹着棉、麻纤维和防潮层而制成的，如图1-5所示。

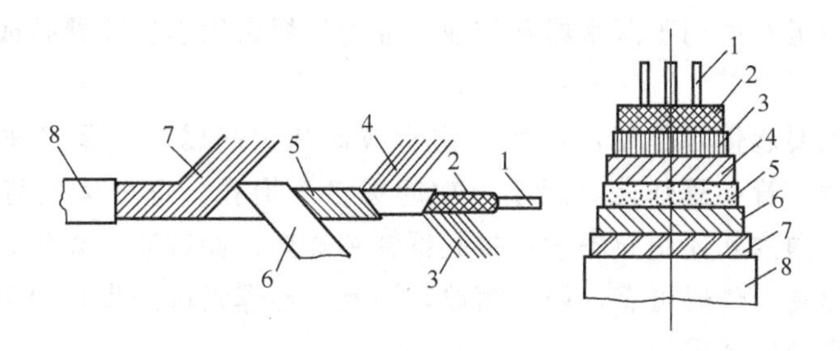

图1-5 导火索的构造

1—芯线；2—药芯；3—内层线；4—中层线；5—防潮层；6—纸条层；7—外线层；8—聚氯乙烯薄膜护套

点燃导火索的材料有：点火线、点火棒、点火筒等。利用点火筒可以同时点燃多根导火索。

导火索是一种最简单的起爆材料，作业危险性大。无法用仪器检查工作的好坏，产生瞎炮的比例比其他方法大，不能保证装药群同时或按规定时间准确爆炸，也难以预测爆破效果。导火索燃烧时有火焰喷出，并产生大量有毒气体，不能在井下，尤其不能在有瓦斯和煤尘危险的矿井内使用。

三、导爆索

导爆索是药芯为猛炸药、外包裹棉纱或其他纤维和防潮剂绕制而成，外表颜色为红色，药芯为白色。导爆索是利用爆轰波从一端传播到另一端，起爆被起爆物。

导爆索按应用环境可分为：露天和无瓦斯、矿尘爆炸危险的井下使用的导爆索。有瓦斯、矿尘爆炸危险的井下使用的安全导爆索。露天导爆索又可分为普通导爆索、强力导爆索、低能导爆索和高抗水导爆索。

普通导爆索是目前大量生产和使用的导爆索，有一定的抗水性能和耐高、低温性能，能直接起爆一般常用的工业炸药，结构如图 1-6 所示。

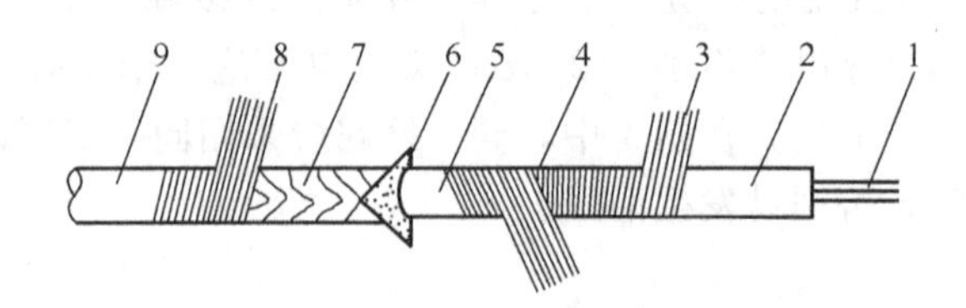

图 1-6 导爆索的构造

1—芯线；2—药芯；3—内层线；4—中层线；5—防潮层；6—消焰剂；7—纸条层；8—外线层；9—聚氯乙烯薄膜护套

高抗水导爆索适用于深水爆破作业。强力导爆索用于拆除爆破或作为地震勘探的震源。

导爆索主要起传爆作用，可用于雷管或炸药包起爆，把爆轰波传到所需地点，也能代替雷管起爆炸药，用于一次起爆多个炮孔，也可满足特殊爆破的需要。近年来，国内外还用导爆索直接起爆钝感炸药，如铵油、浆状炸药等。由于导爆索的爆速高，传爆可靠，操作简单，因此，导爆索可同步起爆多个炮孔，在控制爆破中得到广泛采用。

导爆索的优点是：

① 不受电的干扰，使用安全；

② 起爆准确可靠，并能同时起爆多个炮孔，同步性好；

③ 施工装药比较安全，网路敷设简单、可靠；

④ 可在水孔或高温炮孔中使用。

缺点是：价格高、网路连接后孔内无法检查，不能实现孔底起爆，影响能量充分利用。

第三节 起爆电源

干电池、蓄电池、照明线、动力线、电机车架电线等交直流电源都可用作起爆电源。但最常用的起爆电源是照明线、动力线和专用发爆器。

一、利用照明线、动力线作起爆电源

中国照明线和动力线路的电压一般为 220V 和 380V。在网路复杂，需要总电流较大的情况下，常使用这种电源。此时，在安全地点须设置放炮开关。放炮开关包括动力电源开关盒、放炮电源开关盒和放炮刀闸盒三部分，如图 1-7 所示，每个盒内设有双刀双掷刀闸。放炮前，刀闸处于短路状态，防止外部电流（例如杂散电流）进入雷管。放炮时，按顺序合闸。每次合闸均须发出信号，以保证安全。

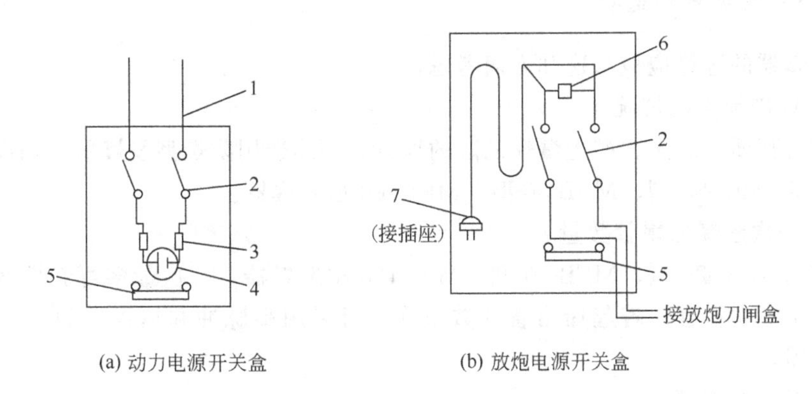

(a) 动力电源开关盒　　(b) 放炮电源开关盒

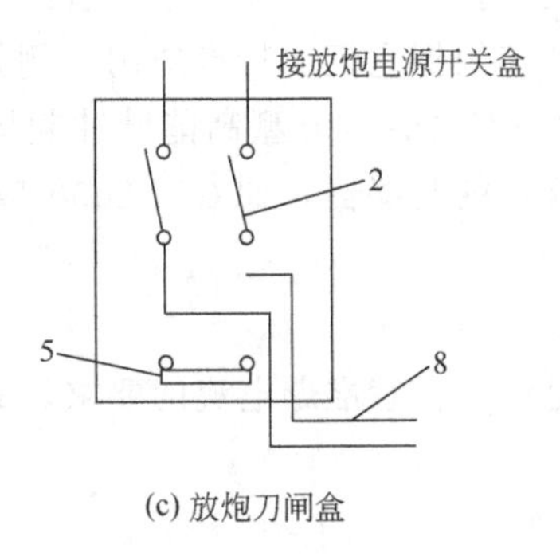

(c) 放炮刀闸盒

图 1-7 电源放炮开关

1—动力线；2—双刀双掷刀闸；3—保险丝；4—插座；
5—短路杆；6—指示灯；7—插头；8—放炮母线

在有瓦斯或煤尘爆炸危险的矿井中，只准使用防爆型起爆器作为起爆电源，不得使用动力或照明交流电源。特殊情况下，在无瓦斯工作面使用交流爆破电源时，必须考虑到工作面目前尽管无瓦斯，但向前采掘可能出现瓦斯，为了预防万一，要注意电压不可超过 220V，不准用刀闸开关，必须用防爆插销或防爆开关送电，并且放炮前一般工作面应加强通风和瓦斯检查工作。

二、发爆器

按使用条件来分，发爆器有防爆型和非防爆型两类。按结构原理分，发爆器有发电机式和电容式两类。在煤矿采掘中普遍使用的是防爆型电容式发爆器（放炮器）。由于它输出功率较小，一般只能用于串联电路。根据结构、充电用的电源和输出能力的不同，常用国产电容式发爆器见表1-3。发爆器的实际发爆能力，往往只有其70%左右。

（一）发爆器的选择

发爆器的选择应该从这几方面考虑。

1. 爆破地点的情况

在有瓦斯、煤尘、矿尘爆炸危险的地方，必须选用防爆型发爆器，如煤矿井下常用的MFB-25型、MFB-50型、MFJ-100型发爆器。

2. 一次起爆的雷管数量

使用MFB-25型、MFB-50型、MFJ-100型发爆器，一次最多可起爆25发、50发、100发雷管。若起爆雷管的数量多，可采用高脉冲起爆器，如GM-2000型起爆器。

3. 雷管的种类

目前中国生产的雷管种类很多，除了普通的电雷管以外，还有抗杂、抗静电雷管和无起爆药雷管，起爆器应根据它们的特点选用。例如起爆无桥丝抗杂电雷管，应选用高电压起爆器，如BC-ZX-5040型高能脉冲起爆器；起爆低电阻大电流抗杂电雷管时，应选用大能量的起爆器，如GM-2000型或QLDF100C型高能脉冲起爆器。

4. 起爆线路的电阻

如果线路太长，为了满足每个雷管准爆电流的要求，必须考虑线路上的电压损失。

（二）发爆器的使用

放炮前，放炮母线接在发爆器的接线柱上并拧紧，充电时将钥匙插入发爆器上，扭到充电刻度位置，待氖气灯亮时，表明充电电压已达到额定电压，应立即反转到放电刻度位置起爆雷管；放炮后，立即拔出钥匙并保管好（钥匙由放炮员随身携带），取下放炮母线，拧成短路，不要将两个接线柱联成短路放电，以免击穿电容损坏发爆器，发爆器在现场发生故障，不许就地打开修理。

表 1-3 国产发爆器型号及技术性能

发爆器型号	主要技术性能							
	发爆能力/发	输出峰值电压/V	最大外电阻/Ω	充电准备时间/s	冲击电流持续时间/ms	质量/kg	电源	备注
MFB15/30	15/30	480	60/70	7	＜6	0.7	1号电池2节	斜线上方为铁脚线康铜桥丝雷管，下方为铜脚线镍铬桥丝雷管
MFB-25	25	450	100	12	＜6	1.5	1号电池3节	
MFB-50	50	430～450	170	12	＜6	1.7	1号电池3节	
MFB-50	50	900		15	3～6	1.5	1号电池3节	
MFB-50/100	50/100	900	170	6			1号电池3节	斜线上方为铁脚线康铜桥丝雷管，下方为铜脚线镍铬桥丝雷管
MFJ-100	100	900	320		3～6	3	1号电池4节	铁脚线雷管
MFB-200	200	1800	620	6				
JZDF-300B	100/200	900	300	7～20			1号电池4节	斜线上方为铁脚线康铜桥丝雷管，下方为铜脚线镍铬桥丝雷管
QLDF-1000C	300/1000	500/900	400/800	15/40		5	1号电池8节或 6V蓄电瓶	斜线上方为低功率部分，下方为高功率部分
GNDF-1200B	1200	1800	900	50		5.8		
GM-2000	工业电雷管4000 无桥丝抗杂管480	2000		80		8	8V XQ-1型电池	一次充电可爆40次
GNDF-4000C	铜脚管4000 铁脚管2000 抗杂管700	3600	600	10～30	50	11	蓄电瓶或干电池12V	YJ系列改为YJQL-4000型强力发爆器。 一次充电可用20～25次
BCZX-5040	工业管千余发 抗杂管60～150	5000	2200	30～40		15.5		

（三）发爆器维护

发爆器要班班检查，以确保良好的起爆性能和延长使用期，发爆器应放在干燥和通风良好的地点，以免元件受潮损坏，不经常使用的发爆器，应取出电池。

第四节 起爆方法

在爆破作业中，起爆技术直接关系到装药爆炸的可靠性，起爆效果、质量和爆破作业的安全性。工业炸药的起爆方法可分为两类，即非电起爆法和电力起爆法，非电起爆法又分为导火索起爆法、导爆索起爆法以及导爆管起爆法。

一、导火索起爆法

导火索起爆法是利用导火索燃烧产生的火花，先引起普通雷管（又称火雷管）爆炸，再激发装药爆炸。带有雷管的药卷称为起爆药卷，俗称炮头。

导火索起爆步骤。

第一，将经过检验合格的导火索切成一定长度的导火索段，切口要平整、不得毛糙歪斜。确定导火索长度应考虑如下因素：一次爆破的炮孔数目、炮孔深度、点火方法、安全撤离的时间及点火人员的技术水平和熟练程度，并保留有一定的储备系数。导火索段的最短长度不得小于1.2m。

第二，将切好的导火索段插入经检验合格的火雷管内，并固定牢靠，即制成了起爆雷管。加工时应先清除雷管中的杂物；插入导火索时，不准挤压和转动，以免引起雷管爆炸；导火索与火雷管结合时，结合处要用胶布或细线缠好；对于金属管壳的火雷管应用专门的雷管钳夹紧。制备起爆雷管的工作必须由专人在专门的硐室或房间内进行。

第三，将炸药卷平端捏软用竹或木等专用锥子扎一个直径稍大于雷管的小孔，轻轻插入加工好的起爆雷管，用胶布或细绳捆好。加工起爆药包时不许将雷管来回推入药包又拉出，以免导火索从雷管中拉出造成瞎火。

接下来可以进行装药、堵塞以及点火起爆，点火可采用逐个点火法、铁皮三通一次点火法和电力点火法。若使用逐个点火法，一个人连续点火根数，地下爆破不得超过5根（组），露天爆破不得超过10根（组）。

导火索起爆法主要用于浅孔和裸露药包的爆破中。竖井、倾角大于30°的斜井和天井工作面的爆破，不得使用导火索起爆法；在有瓦斯和煤尘爆炸危险的工作面，严禁使用导火索起爆法。

二、导爆索起爆法

用导爆索爆炸产生的能量去引爆药包的起爆方法称为导爆索起爆法。导爆索用来起爆药卷，或将爆炸反应从一个药卷传给相隔一定距离的另一个药卷，这样可以不受炸药的殉爆距离限制，而使装入炮眼的炸药全部传爆，充分发挥炸药的应有爆炸威力。

在有瓦斯和煤尘爆炸危险的矿井，应该使用安全导爆索。导爆索具有一定的抗水能力，两端密封的导爆索浸在水中 24h 仍可使用。导爆索其传爆速度为

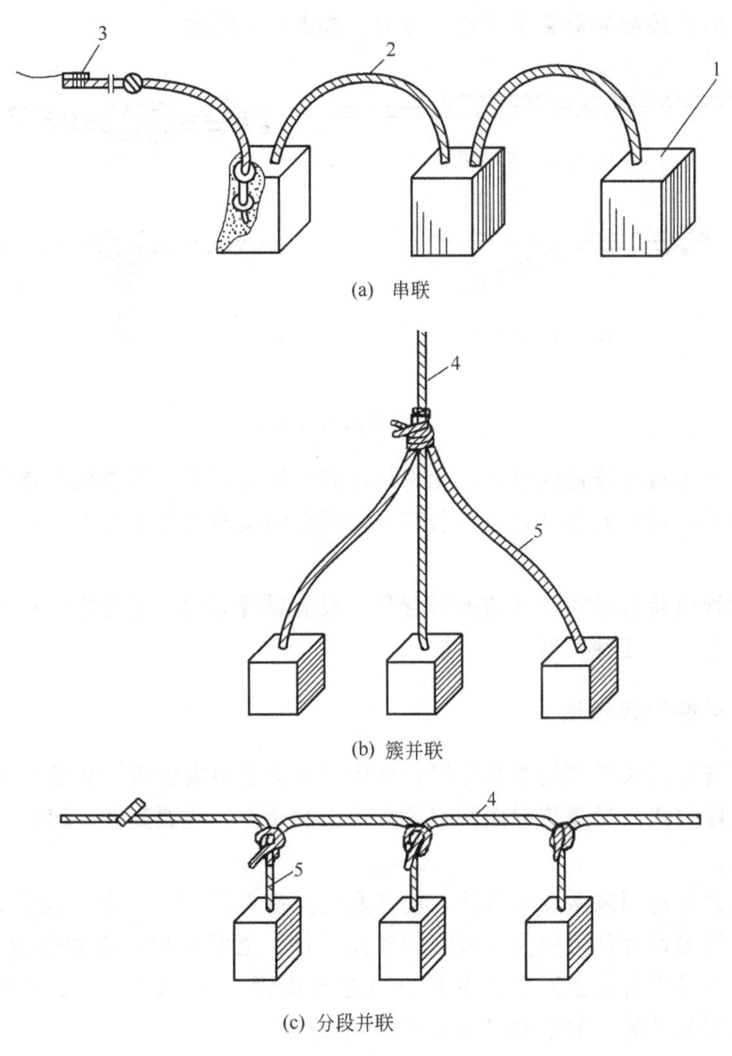

图 1-8　导爆索网路

1—装药；2—导爆索；3—雷管；4—干索；5—支索

6500～7000m/s，广泛用于深孔爆破中，它可使成组炮孔同时起爆。因其在药卷中不需雷管就能使沿着导爆索的药卷同时起爆，因而也称为无雷管起爆。

常用导爆索起爆网路：串联、簇并联、分段并联，如图 1-8 所示。敷设导爆索网路时，应避免导爆索拐死弯、打结、扭折；两根导爆索交叉而又不相连接时，中间要用厚 10cm 的木块隔开，以免发生诱爆，打乱原有的起爆顺序，造成不良后果。

在并联网路中，导爆索区分为干索和支索。两根干索可用水手结，连接或搭接后用线捆扎，搭接长度不小于 10cm。干索和支索可采用环扣连接或搭接。搭接时，支索搭接端应对着干索传爆方向，如图 1-9 所示。

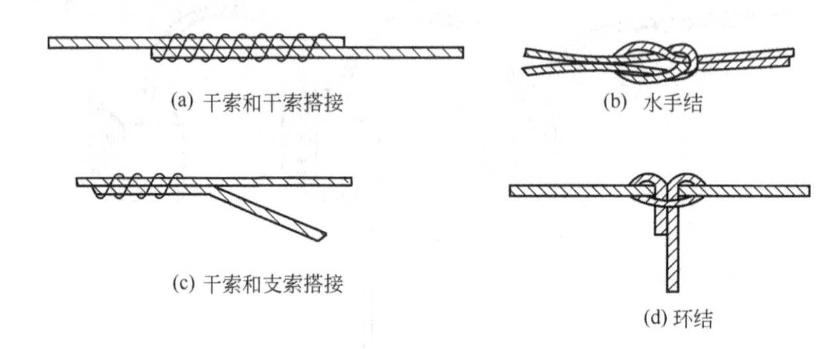

图 1-9 导爆索连接法

由于导爆索传爆速度很高，无论采用哪种网路形式，都能使各装药几乎同时爆炸。为了实现微差爆破，使各装药群按预定间隔时间顺序起爆，可在网路中设置继爆管。

继爆管由装有延期元件的火雷管和一根消爆管组成，可分为单索单向、双索单向和双索双向几种类型。

三、导爆管起爆法

导爆管起爆法是利用塑料导爆管来传递冲击波引爆雷管，从而起爆工业炸药的一种起爆方式。导爆管起爆网路通常由击发元件、传爆元件、起爆元件和连接元件组成。

击发元件是用来激发导爆管，使它发生反应并传爆的元件。雷管、起爆枪、激发笔、导爆索等都可作为导爆管的击发元件。通常采用电雷管作为击发元件，一发普通 8 号雷管能激发雷管周围 3～4 层导爆管 40 根以上。为了可靠，一般一个雷管起爆的导爆管的根数以不大于 50 根为好。

传爆元件是由导爆管和传爆雷管或导爆连通管组成。传爆雷管可采用普通火雷管或非电延期雷管，它的作用是将主传导爆管的冲击波传递给被传导爆管。

起爆元件可由普通火雷管或非电延期雷管做成，它的作用是在导爆管传播的冲击波作用下爆炸从而起爆工业炸药。

连接元件是用来连接激发元件、传爆元件和起爆元件的部件。其中用来将导爆管与被爆雷管连接在一起的元件称为卡口塞。用来固定连接传爆雷管和被传导爆管的元件称为连接块。导爆连通管既是传爆元件，也是连接元件。用卡口塞把一定长度的导爆管和非电雷管组合成一整体便可制成组合雷管，它既可作为传爆雷管，也可作为起爆雷管。

导爆管起爆网路最基本的连接方式有：簇并联、并串联、分段并串联等。导爆管具有只向轴向传爆，不能径向传爆的特点。在一些重要的爆破工程中，为了确保起爆的可靠性，往往采用双重的起爆网路，一套电爆网路加一套导爆管起爆网路，两套网路相互独立。

导爆管起爆系统不能用于有瓦斯或煤尘爆炸危险的作业场所。导爆管起爆网路从根本上减少了电气爆破中由于外来电的干扰而引起的事故隐患，同时一次起爆雷管数量不受限制等优点，但是由于导爆管本身的强度有限，因而在深孔和高寒地带爆破时要特别注意导爆管的保护，以免损坏，因为导爆管起爆网路连接好后，不能用仪表检查网路连接的好坏。

四、电力起爆法

电力起爆法就是利用电能引爆电雷管进行起爆工业炸药的方法。它所需的器材有电雷管、导线和起爆电源等。

电力起爆法也称电爆法，电爆网路常用的起爆电源有照明、动力电源和蓄电池、干电池以及发爆器。蓄电池、干电池起爆，由于容量有限，一般用在起爆少量雷管或网路不太长的地方。在有瓦斯和煤尘爆炸危险的矿井中，动力或照明交流电源又不准使用。发爆器起爆仍然是目前直流起爆的主要方法。

电爆网路中的导线一般采用绝缘良好的铜线或铝线。在大型电爆网路中，常将导线按其位置和作用划分为：端线、连接线、区域线和主线。端线是用来加长电雷管脚线，使之能引出炮孔口或药室外的导线称为端线。连接线是用来连接相邻炮孔或药室的导线。当同一爆破网路包括几个分区时，连接连接线与主线的导线称为区域线，它一般采用断面稍大于连接线的铜芯或铝芯线。主线又称母线，它是连接区域线与电源的导线，通常采用断面为16～150mm^{2}的铜芯或铝芯线电缆做主线，其粗细可根据爆破规模来确定。

浅孔爆破中一般不用端线；当爆区范围较小，不用分区联线时，网路中就没有区域线。

当若干发电雷管联成一个电爆网路，用同一电源起爆时，由于各发电雷管对电能作用表现出的敏感程度不同，最敏感的将最先被引爆并切断电路，这时，若不敏感的电雷管的引火头还未点燃，就会产生拒爆现象。雷管的拒爆直接影响着爆破效果，而且处理起来既麻烦又危险，因此，爆破设计和施工中应力求使网路中的所有雷管都能可靠地起爆。实践证明，要保证电爆网路中所有电雷管都准爆，必须满足以下两个条件。

① 同一电爆网路中所用的电雷管应是同一厂家同批生产的同规格产品，电雷管在使用前经测试合格。

② 电源分配给网路中任一发电雷管的电流都不得小于规定的准爆电流。对大爆破，直流电起爆时电流不小于 2.5A；交流电起爆时电流不小于 4A；对一般爆破，交流电不小于 2.5A，直流电不小于 2A。

不同的连接方式，可以构成不同形式的电爆网路。电爆网路基本的连接方式有：串联、并联和混合联，如图 1-10 所示。

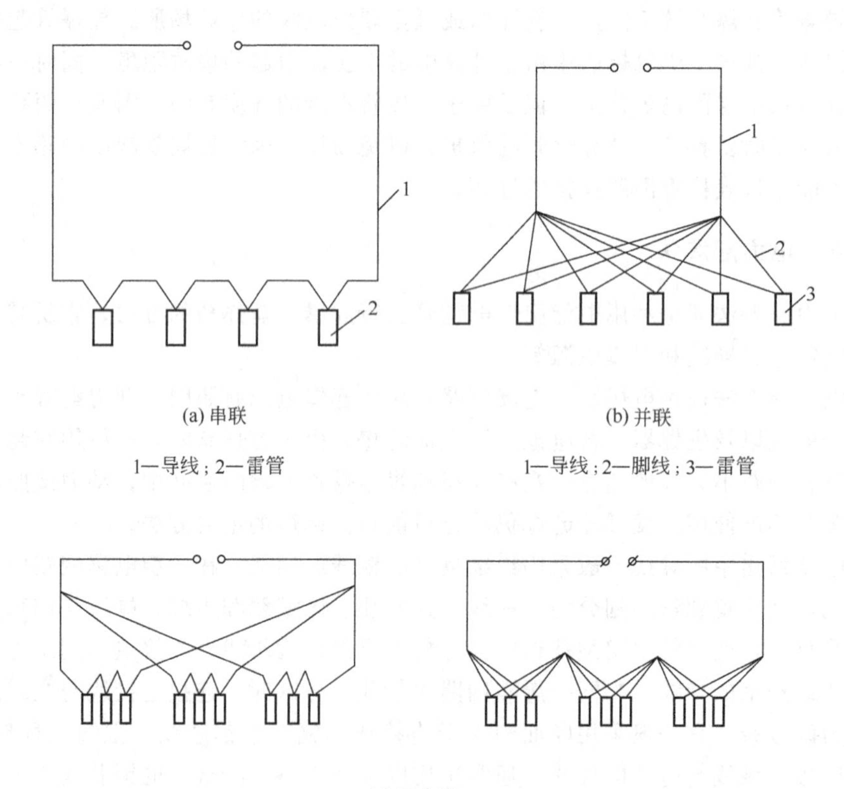

(a) 串联

1—导线；2—雷管

(b) 并联

1—导线；2—脚线；3—雷管

(c) 混合联

图 1-10 电爆网路

1. 串联电爆网路

串联电爆网路如图 1-10（a）所示，将所有要起爆的电雷管的两根脚线或端线依次连接成一串。串联电路的总电阻等于各个雷管电阻的和，而电流处处相同。在串联电路中，各个雷管电阻相差不得大于0.3Ω，否则会发生雷管先后起爆，或发生瞎炮现象。

药包放置散乱时，采用串联法比较方便，可以节省电线；但这种方法很不可靠，因为网路中有一个雷管拒爆，就会使整个电路断开，发生整组雷管拒爆。

2. 并联电爆网路

并联电爆网路如图1-10（b）所示，将所有要起爆的电雷管的两根脚线分别连到两股导线上，然后再与电源相连接。

当电雷管的电阻不同就可采用并联法。这种方法比串联法需要更大的电流和更多的端线；由于每个雷管都是独立电路，很可能由于连接或雷管故障造成了单个瞎炮，并且很难检查出来，对安全极为不利。

3. 混合联电爆网路

混合联电爆网路如图1-10（c）所示，它是由串联和并联组合起来的一种网路，有串并联和并串联两种类型。串并联是将若干发电雷管先串联成组，再将各串联组并联，然后与电源相连接；并串联是先将若干发雷管并联成组，然后再将各并联组串联起来，接到起爆电源上。

这种方法，进入每组电流与进入该组每个雷管的电流相同，而进入每组的电流强度与该组的电阻成反比。这种连接的方法比较实用，因为它需要的是较弱的电源，而且比串联法可靠。

第二章　爆破器材安全管理

近年来，随着中国改革开放的不断深入和经济建设的快速发展，民爆物品的生产、使用量不断增大，对民爆物品的安全管理工作提出新的更高的要求。切实加强民爆物品管理工作，对于保障民爆物品储存、运输、使用等方面的安全，防止发生各类爆炸事故，有效维护社会稳定，确保经济建设顺利进行和人民群众安居乐业，防止犯罪分子利用爆炸物品进行破坏活动，具有十分重要的意义。

第一节　爆破器材的储存

为了确保安全，矿山和使用爆破器材的单位要特别注意爆破器材的储存和保管工作。严格按照中华人民共和国国家标准《爆破安全规程》执行，建立爆破器材库，严防炸药变质、自爆或被盗而导致重大事故。

一、爆破器材安全要求

① 爆破器材必须储存在专用的仓库、储存室内，并设专人管理，不准任意存放。严禁将爆破器材分发给承包户或个人保存，临时存放爆破器材时，要选择安全可靠的地方单独存放，指定专人看管。

② 储存、使用爆破器材的单位，设立专用爆破器材仓库、储存室时，应符合国家有关规范要求（《民用爆破器材工厂安全设计规范》、《爆破安全规程》、《小型民用爆破器材仓库安全标准》）。仓库选址和仓库区域总平面布局应符合国家规定的内部和外部安全距离要求，库房建筑结构应达到耐火等级二级以上，主要是墙体、屋盖、地面、门窗、通风孔和防护土堤应符合防震抗震，防火防盗等要求并设有雷电防护、电器防爆，消防等安全设施。

③ 使用单位设立的地面总库，炸药最大允许储量应符合《爆破安全规程》规定的限量；小型民用爆破器材库炸药的最大允许储量不得超过 3t，雷管不得超过 2 万发，导火索、导爆索均不得超过 3×10^4m，塑料导爆管不得超过 6×10^4m，并应符合《小型民用爆破器材仓库安全标准》。

④ 储存、使用爆破器材单位设立的爆破器材仓库应持有公安机关核发的《爆炸物品储存许可证》，保管人员应持有公安机关核发的《爆破器材保管员作业证》，仓库昼夜都要有人守护。

⑤ 建立出入库检查、登记制度。收存和发放爆破器材必须进行登记，做到账目清楚，账物相符。每座库房应设置标示牌，标明经公安机关准许存放的品种和最大允许储量。

⑥ 性质相抵触的爆破器材，必须分库储存；同一库房内允许共存的爆破器材应符合《民用爆破器材工厂安全设计规范》的规定。

⑦ 爆破器材的堆放要整齐、牢稳，便于通风和搬运。导火索、导爆索、硝铵炸药均应装箱堆放在垫木上，严禁散包堆垛。爆破器材的货架或堆垛与墙壁的距离不应小于0.2m，货架、堆垛相互之间应留有便于清点和搬运的通道。库内严禁存放其他物品，不应堆放空箱。变质和过期失效的爆破器材，应及时清理出库，定期销毁。

⑧ 库内要确保通风良好，有隔热降温措施，有防止鼠、蛇、鸟等小动物进入的措施。

⑨ 严禁在库房内住宿和进行有碍安全的活动。严禁把其他容易引起燃烧、爆炸的物品带入仓库。严禁无关人员进入库区。进入库区的人员应关闭手机、呼机并禁止携带枪支、火具、火种。严禁在库区吸烟和用火。禁止在库区内加工爆破器材。

⑩ 库房周围不应有杂草和灌木丛。

⑪ 在库区所控制的外部距离内不能进行有碍库房安全的活动，如爆破、狩猎等。

⑫ 井上、下接触爆破器材的人员，应穿棉布或抗静电衣服，严禁穿化纤衣服。

二、爆破器材的存放

爆破器材存放于爆破材料库中，由专门存放爆破器材的主要建筑物、构筑物和爆破器材的发放、管理、防护以及办公等辅助设施组成。按其服务年限分为永久性库和临时性库两类；按其所处位置可分为地面库、埋入式库、硐室库和井下爆破材料库四种。

1. 地面爆破器材库

选择地面爆破器材库的地址时，必须充分考虑库区内部及外部的安全距离，应尽量将地面库设在地形隐蔽的偏远的山丘地带，充分利用地形、地貌来缩小爆破地震波、空气冲击波和飞石的破坏范围；在平原和人口较多的地区设置地面库时，为保证安全和减少征地，库区周围应设防护土堤，用以减少冲击波和飞石的危害。

2. 埋入式爆破器材库

埋入式库的特点是库房的一面或三面嵌入土岩里。埋入式库，一种是入口一面裸露，用以采光、通风和运输，但修有很厚的防护土堤，如图 2-1（a）所示；另一种是将库房墙体的下段埋入土岩，上部裸露用以采光、通风和出进，如图 2-1（b）。由于是埋入式库，库房之间和库房外部的空气冲击波安全距离比地面库小得多，从而减少了场地和大量的防护土围的土方量。但埋入式库的通风、防潮能力差。当排水设施失修时，库内常积水，炸药容易受潮、变质，国内使用较少。

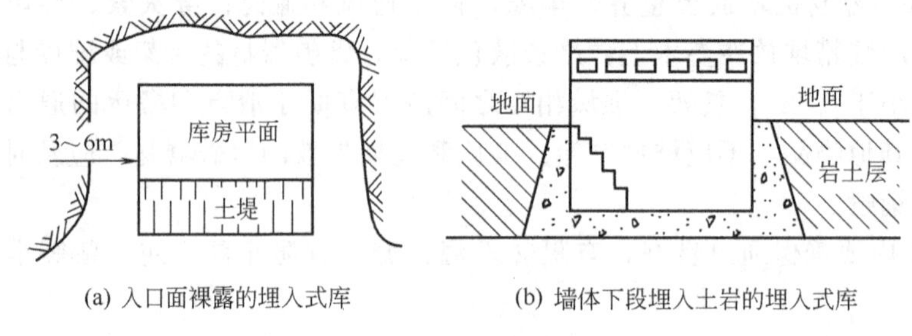

图 2-1 埋入式爆破器材库

3. 硐室式爆破器材库

硐室式爆破器材库也叫隧道式库或深埋入式库、硐库，如图 2-2 所示。

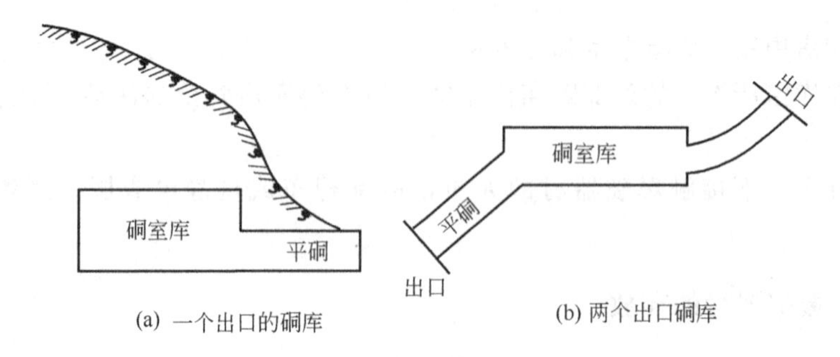

图 2-2 硐室式爆破器材库

硐室式库是开凿于山体内的大空腔硐室，用以储存爆破器材，借助平巷与地表相通，硐室上部岩层覆盖厚度在 10～30m 以内。为了减少征地，减少冲击波和飞石对周围环境的危害，储存爆破器材的硐室的最小抵抗线应按松动爆破设计。也可利用旧隧道和平硐扩建成硐室式爆破器材库。

这种库的建设费用高，但维修费、征地费少。在人口环境复杂的情况下，利用山体建库，有一定的优点。不过，要加强通风、排水工作，以防炸药变质。

4. 井下爆破材料库

① 井下爆破材料库应采用硐室式或壁槽式。

② 井下爆破材料库的布置必须符合下列要求。

a. 库房距井筒、井底车场、主要运输巷道、主要硐室以及影响全矿井或大部分采区通风的风门的直线距离：硐室式的不得小于 100m，壁槽式的不得小于60m。

b. 库房距行人巷道的法线距离：硐室式的不得小于35m，壁槽式的不得小于20m。

c. 库房距地面或上下巷道的法线距离：硐室式的不得小于30m，壁槽式的不得小于15m。

d. 库房和外部巷道之间，应用三条互成直角的连通巷道相连。连通巷道的相交处必须延长2m，断面积不得小于$4m^2$，在尽头巷内，还必须设置缓冲砂箱隔墙，不得将连通巷道的延长段兼作辅助硐室使用。库房两端的通道与库房连接处必须设置齿形阻波墙。

e. 每个爆破材料库必须有两个出口：一个出口供发放爆破材料及行人，出口的另一端必须有自动关闭的抗冲击波活门；另一个出口布置在爆破材料库回风侧，可铺设轨道运输爆破材料，该出口与库房连接处必须装有抗冲击波密闭门。

f. 库房地面必须高于外部巷道的地面，库房和通道应设置水沟，以便排水防潮。

③ 井下爆破材料库必须采用矿用防爆型（矿用增安型除外）的照明设备，照明线必须使用阻燃电缆，电压不得超过127V。严禁在储存爆破材料的硐室或壁槽内装灯。

不设固定式照明设备的爆破材料库，可使用带绝缘套的矿灯。

任何人不得携带矿灯进入井下爆破材料库房内。库内照明设备或线路发生故障时，在库房管理人员的监护下检修人员可使用带绝缘的矿灯进入库内工作。

④ 井下爆破材料库的最大初存量，不得超过该矿井3天的炸药需要量和10天的电雷管需要量。

井下爆破材料库的炸药和雷管必须分开储存。

每个硐室储存的炸药量不得超过2t，电雷管不得超过10天的需要量；每个壁槽储存的炸药量不得超过400kg，电雷管不得超过2天的需要量。

库房的发放爆破材料硐室允许存放当班待发的炸药，但其最大存放量不得超过3箱。

三、爆破器材储存中不安全因素

(1) 储存仓库选址不当　在城市、城镇或其他人烟稠密地区、风景名胜区设立爆炸物品储存仓库。

(2) 内、外部安全距离不够　爆炸物品储存仓库与周围水利设施、交通要道、桥梁、隧道、高压线路、通讯线路、输油管道等重要设施的外部距离过小；库房与库房之间，库房与看管人员的生活区之间的内部距离过小。

(3) 超量或混存　单库中的储存量超过最大允许储量，性质相抵触的爆破器材同库存放。

(4) 乱存乱放　爆炸物品不存入专用库房内，而乱存在车间、办公室、宿舍、工棚、其他仓库或乱埋在施工工地、塞在洞穴里。

(5) 失效与变质　爆炸物品过期失效，稳定性降低，不能继续储存，影响运输和使用安全；爆炸物品吸湿、硬化，不符合国家标准，影响使用安全。

(6) 安全设施不完善　防爆土堤的覆土薄，高度不够；雷电防护装置的保护范围不够，接地电阻超过规定或需要接地的金属物而未接地；库内、库外照明灯具、电气设备及供电线路不符合要求，消防设施缺乏、损坏或不能发挥作用；防盗报警设施不完善。

(7) 看守不严　库房无人看守或看守人员不足，或看守人老、弱、病、残，不能胜任工作；看守人员擅离职守或夜间无人上岗守卫。

(8) 制度不严　领用爆炸物品没有严格手续，没有登记账目或账物不符。

(9) 管理不善　库房内通风不良，温度过高；防火、防爆危险警示牌不齐全；爆破器材堆垛过大、过高（炸药、导火索堆垛不宜超过 1.6m 高；雷管堆垛不宜超过 1.6m 高）；进入爆破器材库房（特别是电雷管库房）人员身着化纤服装，携带矿灯，穿带铁钉皮鞋，在库房内使用无线电通讯设备；库内有散落的爆炸物品或药粉、粉尘。

第二节　爆破器材的运输

爆破器材的运输包括地面运输到用户单位或爆破器材库，以及把爆破器材运输到爆破现场（包括井下运输）。为了确保生产建设的安全和良好的社会治安秩序，必须对爆破器材的运输实施严格管理。

一、爆破器材运输的安全要求

① 运输爆破器材，由收货单位凭物资主管部门签证盖章的爆破器材供销合同，写明运输爆破器材的品名、数量和起运及到达地点，向所在地县、市公安局申请领取《爆炸物品运输证》，方准运输。

购买爆破器材，需要运输的，应当在申请领取《爆炸物品购买证》的同时，申请领取《爆炸物品运输证》，凭证办理运输。货物运达目的地后，收货单位或购买单位应当在运输证上签注物品到达情况，将运输证交回原发证公安机关。

在市内短途运输爆破器材时，可以免办《爆炸物品运输证》，但必须事先通知市公安局。

② 进口或出口爆破器材的运输，托运单位应当凭兵器工业部批准的文件和

外贸部门签发的进口或出口货物许可证，向收货地或出境口岸所在地县、市公安局申请领取《爆炸物品运输证》，方准运输。

③ 承运单位凭《爆炸物品运输证》，按照运输主管部门的有关规定办理运输。需要派人押运的，托运单位应当派熟悉所运爆破器材性能的人负责押运。

④ 运输爆破器材时，必须严格遵守下列规定。

a. 运载车、船必须符合国家有关运输规则的安全要求。

b. 货物包装应牢固、严密。性质相抵触的爆破器材不准混装在同一车厢、船舱内。装载爆破器材的车厢、船舱内，不准同时载运旅客和其他易燃、易爆物品。

c. 爆破器材应当在远离城市中心区和人烟稠密地区的车站、码头装卸。装卸爆破器材的车站、码头，由当地公安机关会同铁路、交通部门协商确定。

d. 装卸爆破器材，应当尽量在白天进行，要有专人负责组织和指导安全操作。装卸人员必须懂得装卸爆破器材安全常识；不懂安全常识的人，必须事先经过教育。装卸现场，应当设置警戒岗哨，禁止无关人员进入。

e. 在公路上运输爆破器材时，车辆必须限速行驶，前后车辆应当保持避免引起殉爆的距离。经过人烟稠密的城镇，必须事先通知当地公安机关，按公安机关指定的路线和时间通行。

f. 运输爆炸器材在途中停歇时，要远离建筑设施和人烟稠密的地方，并有专人看管。严禁在爆破器材附近吸烟和用火。

⑤ 严禁个人随身携带爆破器材搭乘公共汽车、电车、火车、轮船、飞机。严禁在托运的行李包裹和邮寄的邮件中夹带爆破器材。

二、爆破器材运输的注意事项

1. 运输的一般规定

① 雷管和导火索可以一同运输；黑火药和导火索可以一同运输；导火索、导爆索和硝铵类炸药可以一同运输；硝化甘油类炸药、硝铵类炸药、黑火药和雷管，任何两种都不准一同运输；雷管、黑火药、导爆索和硝化甘油类炸药，任何两种都不准一同运输；硝化甘油类炸药和导火索不准一同运输。

② 运输硝化甘油类炸药，要注意防冻的有关规定。已冻结或半冻结的硝化甘油类炸药禁止运输，车厢或船舱的底部应铺软垫。因为轻微的摩擦、震动就会引起爆炸事故。

③ 禁止用翻斗车、自卸汽车、拖车、拖拉机、机动三轮车、人力三轮车、自行车和摩托车运输爆破器材。

④ 装卸爆破器材时，必须遵守下列规定。

a. 应有专人在场监督；

b. 应设置警卫，禁止无关人员在场；

c. 禁止爆破器材与其他货物混装；

d. 认真检查运输工具的完好状况和清除运输工具内的一切杂物；

e. 严禁摩擦、撞击、抛掷爆破器材；

f. 硝化甘油类炸药或雷管的装运量，不准超过运输工具额定载重量；

g. 爆破器材的装载高度不得超过车厢边缘，雷管或硝化甘油类炸药的装载高度不得超过两层；

h. 分层装载爆破器材时，不准站在下层箱（袋）上去装上一层；

i. 用吊车装卸爆破器材时，一次起吊的量不得超过设备能力的50%；

j. 雷雨或暴风雨时，禁止装卸爆破器材；

k. 爆破器材的装卸工作，应尽量在白天进行。

⑤ 装卸爆破器材的地点应有明显的信号。白天应悬挂红旗和警告标志；夜晚应有足够照明，并悬挂红灯。

⑥ 雷管必须装在专用的保险箱里，箱子内壁应衬有软垫，雷管箱（盒）内的空隙部分，应用泡沫塑料之类的柔软材料塞满。箱子应紧固于运输工具的前部。炸药箱（袋）不得放在雷管箱上。

⑦ 装卸和运输爆破器材时，严禁烟火和携带发火物品。

⑧ 装有爆破器材的车（船）在行驶途中必须遵守下列规定。

a. 有押运人员；

b. 按指定路（航）线行驶；

c. 不准在人多的地方、交叉路口和桥上（下）停留；

d. 车（船）用帆布覆盖，并必须插有“危险”字样的黄旗作为明显的标志；

e. 非押运人员不准乘坐。

2. 对各种运输工具的规定

① 铁路运输爆破器材，必须遵守下列规定。

a. 装有爆破器材的车厢严禁溜放；

b. 装有爆破器材的车厢的停车线路应与其他线路隔开；通往该线路的转撤器应锁住；车辆必须楔牢；其前后50m处设危险标志；

c. 装有爆破器材的车厢与机车之间，炸药车厢与雷管车厢之间应用未装爆破器材的车厢隔开；

d. 车辆运行的时速，矿区不超过30km/h，厂内不超过15km/h。

② 运输爆破器材的机动船应符合下列条件。

a. 装爆破器材的船舱不得有电源；

b. 底板和舱壁应无缝隙，舱口必须关严；

c. 与机舱相邻的船舱隔墙，应采取隔热措施；

d. 对蒸汽管进行可靠的隔热。

③ 用汽车运输爆破器材，必须遵守下列规定。

a. 出车前，车队主任（或队长）应认真检查车辆，并在出车单上注明："该车检查合格，准许用于运输爆破器材"；

b. 由熟悉爆破器材性质，具有安全驾驶经验的司机驾驶；

c. 汽车行驶速度：在能见度良好时不超过40km/h；在扬尘、起雾、暴风雪等能见度低时速度减半；

d. 在平坦的道路上行驶时，两台汽车的距离不小于50m，上山或下山时不小于300m；

e. 遇有雷雨时，车辆应停在远离建筑物的空旷地方；

f. 寒冷地区的冬季运输，必须采取防滑措施。

④ 用畜力车运输爆破器材，必须遵守下列规定。

a. 使用经过训练的牲口；

b. 车辆要安装制动闸，运输硝化甘油类炸药或雷管的车辆要有防震装置；

c. 爆破器材装载量不超过正常载重的一半；

d. 在平坦道路上运输时，两辆畜力车之间的距离不小于20m，上山或下山时不小于100m；

e. 车上的爆破器材要捆牢。

3. 往爆破地点运输爆破器材的规定

① 在竖井、斜井运输爆破器材，必须遵守下列规定。

a. 从地面炸药库向井下炸药库运送炸药时，应事先通知绞车司机和井口上、下的把钩工做好运输准备，运输严禁在交接班时间进行；

b. 用罐笼运输雷管或硝化甘油类炸药时，其升降速度不超过2m/s，用吊桶或斜坡卷扬机运输爆破器材时，其速度不得超过1m/s，运输电雷管时，应采取绝缘措施；

c. 护送人员一定要乘罐笼护送炸药下井，每层罐笼只准搭乘两人；运输炸药的罐笼或吊桶里，除放炮员或护送员外，不准无关人员搭乘；同时，炸药和雷管必须分别运输；

d. 用罐笼运输硝铵类炸药，装载高度不超过车厢边缘。运输硝化甘油类炸药或雷管，不超过两层，其层间须铺软垫；

e. 禁止爆破器材在井口房或井底车场停留；

f. 严禁用电溜子、胶带运输机运输炸药。

② 用电机车运输爆破器材，必须遵守下列规定。

a. 列车前后设"危险"标志；

b. 用封闭型的专用车厢运输雷管和炸药，车内应铺软垫，运行速度不超过

2m/s；

c. 用未装爆破器材的车厢把装爆破器材的车厢与机车或装雷管的车厢与装其他爆破器材的车厢隔开；

d. 运输电雷管时，应采取可靠的绝缘措施。用架线式电机车运输，在装卸爆破器材时，机车必须断电；

e. 用电机车运输炸药，必须由井下炸药库负责人护送；列车行驶速度不许超过 2m/s；列车中不许同时运送其他物品或工具；除护送人员外，无关人员不准乘坐；

f. 炸药和雷管不应在同一列车里运输；如果必须同一列车运输，装炸药的车厢和装雷管的车厢之间及与电机车之间，要用 2 个空车厢隔开；

g. 在水平巷道或倾斜巷道里有可靠的信号装置时，可以用钢丝绳牵引的车辆运输炸药，但运输速度不得超过 1m/s；炸药和雷管要分开运输，车辆要有盖子、加垫。

③ 在斜坡道用汽车运输爆破器材，必须遵守下列规定。

a. 行驶速度不超过 10km/h；

b. 禁止在上、下班或人员集中时运输；

c. 车头和车尾应分别安装特制的蓄电池红灯，作为危险标志；

d. 应在巷道中间行驶，会车、让车，应靠边停车。

④ 用人工搬运爆破器材，必须遵守下列规定。

a. 在夜间或井下，应随身携带完好的矿用蓄电池灯，安全灯或绝缘手电筒；

b. 炸药与雷管应分别放在两个专用背包（木箱）内，禁止装在衣袋内；

c. 电雷管必须由放炮员亲自运送，炸药由其他熟悉其性能和规定的人员在放炮员的监护下运送，两人之间必须有相距 5m 以上的安全距离，在运送过程中不得中途停留；

d. 为了防止散落、丢失、被盗，因此，爆破作业人员领到爆破器材后，应直接送到爆破作业地点，不得转给他人，禁止乱丢、乱放；

e. 不得提前班次领取爆破器材，不得携带爆破器材在人群聚集的地方停留；一人一次运送爆破器材数量，不准超过：同时运搬炸药和起爆器材 10kg；拆箱（袋）运搬炸药 20kg；背运原包装炸药一箱（袋）；挑运原包装炸药两箱（袋）。

三、爆破器材运输中不安全因素

① 运载工具不符合国家有关规定。运载汽车没有高档板、灭火器，没有危险品标志；柴油车运载时，没有装防火罩。

② 使用翻斗车、自卸汽车、拖挂车、拖拉机、独轮车、自行车、摩托车、机动三轮车和电瓶车运载爆破器材。

③ 同车运载性能相抵触的爆破器材，或搭乘其他无关人员，同载其他物品。

④ 装载爆破器材高于车厢挡板，对感度较高的炸药、雷管没有在底部垫软垫，雷管倒置，运载车辆没有用网罩或篷布覆盖牢固。

⑤ 运输车辆行驶速度过快，两辆以上运载爆破器材的车辆，行驶中前后车距少于 50m，上下坡时车距少于 100m。

⑥ 遇雷雨时，爆破器材（特别是电雷管）运输车辆仍在运行（应停放在人烟稀少的空旷地带）。

⑦ 运载爆破器材车辆运行中随车人员吸烟。

第三节　爆破器材的销毁

由于管理不当，储存条件不好或储存时间过长，致使爆破器材安全性能不合格或失效变质时，必须及时销毁。

一、爆破器材的检验

① 对新入库的爆破器材应抽样进行性能检验。对超过储存期、出厂日期不明和质量可疑的爆破器材，必须进行严格的检验以确定其能否使用。

② 爆破器材的检验应由库房保管员和试验员进行。

③ 爆破器材的爆炸性能检验，应在安全的地方进行。

④ 失效、报废的炸药和雷管鉴别方法如下。

a. 失效炸药的鉴别：当炸药硬化到不能用手揉松时，当炸药含水分超过 0.5%时，当炸药受潮变质不易引爆时，均视为失效的炸药。

b. 报废雷管的鉴别；当电阻测试被筛选的雷管电阻在 3Ω 以下时和在 6Ω 以上时，当电路测试其线路断路时，当现场放炮而定为瞎炮时，当雷管库存时间过长而受潮时，均视为报废雷管。

二、爆破器材销毁的一般规定

① 经过检验，确认失效及不符合技术条件要求或国家标准的爆破器材，对于报废的雷管要将其脚线剪掉，捆成把，分别存入废炸药、雷管箱内。当报废雷管数量达到 500 发和失效炸药数量达到 100kg 时，都应销毁。

② 销毁爆破器材时，必须登记造册并编写书面报告。报告中应说明被销毁爆破器材的名称、数量、销毁原因、销毁方法、销毁地点和时间，报上级主管部门批准。报告一式五份，分送上级主管部门、单位总工程师或爆破工作领导人、单位安全保卫部门、爆破器材库和当地县（市）公安局。销毁工作应根据单位总

工程师或爆破工作领导人的书面批示进行。

③ 销毁爆破器材，准许采用爆炸法、焚烧法和溶解法。

④ 用爆炸法或焚烧法销毁爆破器材，必须清除销毁场地四周的易燃物、杂草和碎石。

⑤ 用爆炸法和焚烧法销毁爆破器材时，应有坚固的掩避体。掩避体至爆破器材销毁场地的距离，由设计确定。

在没有人工或自然掩避体的情况下，用爆炸法或焚烧法销毁爆破器材，起爆前或点燃后，参加销毁的人员应远离危险区，此距离由设计确定。

⑥ 禁止在夜间、雨天、雾天和三级风以上的天气里销毁爆破器材。

⑦ 不能继续使用的剩余包装材料（箱、袋、盒和纸张）经过仔细检查，确认没有雷管和残药时，可用焚烧法销毁。

包装过硝化甘油类炸药有渗油痕迹的药箱（袋、盒），应予销毁。

⑧ 销毁爆破器材后，应对现场进行仔细检查，如果发现有残存爆破器材，必须收集起来，进行销毁。

三、销毁场地与安全设施

炸毁或烧毁爆破材料，必须在专用空场内进行。销毁场地应尽量选择在有天然屏障的隐蔽地方。场地周围 50m 内，要清除树木杂草与可燃物。在不具备天然屏障的隐蔽地方，要考虑销毁时爆炸冲击波对周围企业、单位、民用建筑、铁路、高压线等设施的最小安全距离。

四、销毁方法

① 一般对感度高的起爆药（如雷汞、氮化铅和二硝基重氮酚等）以及少量废炸药的销毁，采用化学处理法或烧毁法均可，采用化学处理法比较安全。

② 对硝铵类炸药、黑火药、导火索、点燃导火索等失去爆炸性能的爆破器材，可用烧毁的方法处理。

③ 对一些能溶解于水的废爆破材料，如硝酸铵、黑火药和硝铵类炸药，可采用溶解法。

注意性质不同的炸药及其制品不准混在一起烧毁，起爆药用烧毁法销毁时，须先经机油钝化；雷管和导爆索易引爆，不宜采用烧毁法销毁，可采用爆毁法处理。

五、销毁爆炸物品的注意事项

① 销毁前应制定销毁工作方案，包括所要销毁的爆炸物品名称、数量、销毁原因、方法、场地、时间和拟采取的相应安全措施。要根据所销毁物品的种

类、性质和数量，科学地选定销毁方法，由专业人员制定销毁的具体方法和安全操作规程。

② 有关部门要对销毁方案进行全面审核。有关排险、场地施工、安全警戒、安全范围的划定、居民疏散、交通管制、爆炸物品运输、器材准备、抢修救护等事项符合安全要求后，方可批准。

③ 应选择地势平坦而又有天然屏障的地带作为场地，便于安全搬运和销毁场地的最后清理。清除销毁场地内杂物，不得有树木、灌木、荒草和碎石，以避免引起燃烧蔓延和飞石。

④ 要对销毁场地附近群众进行安民告示，说明警戒区的范围、警戒的具体时间，防止人畜误入警戒区，造成人员伤亡事故。

⑤ 销毁工作必须在有经验的主管领导（或专业人员）的指挥和组织下，有专业人员负责具体实施。

⑥ 有严密的组织和领导。对所有参加销毁工作的人员要进行安全教育，并制定岗位责任制，做到分工明确，任务到人。

⑦ 装载废旧爆炸物品的汽车应符合安全要求，配有灭火器、防火罩、装有接地铁链等。废旧炸药、起爆器材均应分车装运，质量宜少不宜多。若以包装箱包装，则应平放，箱盖朝上，互相靠紧，若无法装箱，则应在底板用泥沙铺垫，车厢周围用软材料防护，相互隔开平放，确保其在行车中不互相碰撞或与厢板碰撞。

⑧ 车辆行驶应保持足够的车距，押运和护送人员要单独备车，不准乘坐在装有爆炸物品的车厢上。从装车开始，押运和护送人员就应注意爆炸物品的装载、车辆行驶情况，熟悉沿途的道路情况，严防装载的物品丢失或发生其他事故。

⑨ 用爆炸法销毁时，应有坚固的掩体。没有掩体时，起爆前所有人员必须撤离到安全区域。销毁现场，炸药、雷管等施爆器材的存放要远离爆炸中心。

⑩ 用燃烧法销毁时，切忌在燃烧过程中添加被销毁的物品或燃料，以防发生事故。

⑪ 销毁工作结束后，要对现场进行认真检查清理，不准留有未爆未燃尽的爆炸物品，现场不准留有未熄的明火。

第三章　爆破操作技术

爆破是目前破碎岩石的主要手段，爆破操作是一种技术性很强的工作，操作的正确与否不仅直接影响到爆破质量的好坏，更重要的是会严重威胁职工的安全。要想获得良好的爆破效果，就必须了解和掌握工程爆破的基本要求以及影响爆破效果的主要因素，特别是岩石的性质和爆破工程地质条件、爆破技术的基本理论和基本方法等。只要爆破操作人员严格遵守爆破工作的安全规程、操作规程、作业规程，就会避免爆炸事故的发生，达到安全爆破的目的。

第一节　爆破作用原理

一、爆破作用

在采矿工程中广泛采用炸药爆破，使煤岩产生破坏、松动、震动、压缩或抛掷等现象称为爆破作用。

位于药卷附近的煤岩体的暴露面，或者说煤岩体露在外面和空气接触的表面称为自由面，如图 3-1 中 M。自由面愈大、愈多，爆破效果愈好。药卷中心距自由面的垂直距离称为最小抵抗线（简称最小抵抗），通常以 W 来表示，如图 3-1 中 W。最小抵抗线的方向，就是药卷爆炸后，煤岩移动或抛掷的主要方向。最小抵抗线愈大，煤岩的阻力愈大，所需要的装药量愈大。

二、外部爆破作用

当药卷埋藏较浅，也就是距自由面很近时，药卷的作用超出自由面，使得煤岩体破碎松动或抛掷，形成凹坑，这个凹坑称为爆破漏斗，如图 3-1 所示，这种现象称为外部爆破作用。

爆破漏斗表征爆破作用情况，而爆破漏斗的主要技术特征，就是爆破作用指数 n：

$$n=\frac{r}{W}$$

式中　W——最小抵抗线；

　　　r——爆破漏斗半径。

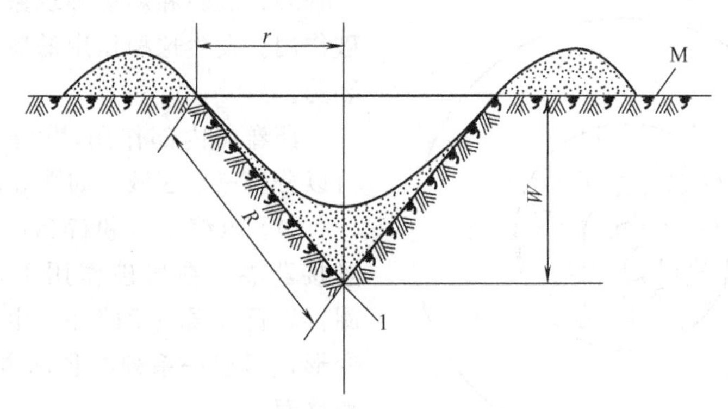

图 3-1 爆破漏斗（外部爆破作用）

1—药卷；M—自由面；R—药卷作用半径

在同一煤层或岩层内，药卷埋藏深度不变，药卷量改变；或药卷量不变，药卷埋藏深度改变，可能出现下列几种爆破漏斗，也就是几种爆破作用情况：

① 当 $n=1$ 时，为标准抛掷漏斗（标准抛掷爆破），破碎的煤岩块抛离自由面约 3～5m；

② 当 $1<n<3$ 时，为强抛掷漏斗（强抛掷爆破），破碎的煤岩块抛离自由面可达数十米；

③ 当 $0.75\leqslant n<1$ 时，为弱抛掷漏斗（弱抛掷爆破），破碎的煤岩块抛掷在自由面附近；

④ 当 $n\leqslant 0.75$ 时，为松动漏斗（松动爆破），煤岩体只能松动破碎，不能抛掷。

在井巷掘进工作面爆破岩石时，通常采用装药直径较小、装药长度较大的柱状装药，而且只需要将岩石从原岩体上破碎下来，不需要产生大量抛掷，因而爆破作业中，多采用后两种情况。

由上述可见，爆破作用指数 n 表示爆破作用的性质，因此在工程爆破中，可通过选择适宜的 n 值来控制爆破作用的性质，从而达到预期的爆破目的。例如在劈山筑坝、矿山露天剥离开挖沟堑和移山平地等工程爆破中，可采用爆破作用指数 $n>1$ 的加强抛掷爆破，以便尽可能将破碎后的岩块抛掷到一定距离以外，减少搬运工作量。在一定范围内 n 值愈大，抛掷方向愈多，抛掷距离也愈大。至于矿山生产、硐室掘进中，一般多采用加强松动爆破，这时可选用 $0.75<n<1$。在城市拆除爆破中，为防止爆破飞石及其他危害，常采用 $n=0.4\sim0.75$ 的松动爆破。

三、内部爆破作用

当药卷埋藏很深，药卷爆破作用没有达到自由面，仅在煤岩体内产生压缩

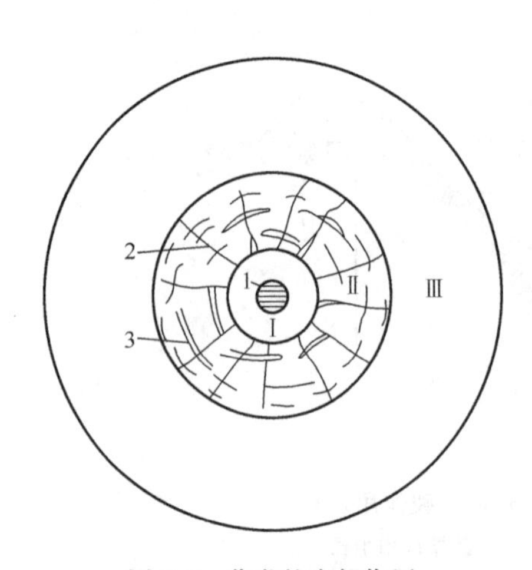

图 3-2 药卷的内部作用
Ⅰ—压缩区；Ⅱ—裂隙区；Ⅲ—震动区
1—药卷；2—径向裂隙；3—切向裂隙

(粉碎)、裂隙和震动等现象称为内部爆破作用。发生这种作用的装药称为药壶装药。

药卷的内部作用，以药包为中心，可以分为三个区域，如图 3-2 所示。

(1) 压缩区（粉碎区） 此地岩体紧接药卷，在爆破作用下，形成压缩圈，岩石被强烈粉碎并产生较大的塑性变形，形成一系列与径向方向成 45°的滑移面。

(2) 裂隙区 在压缩区以外的岩体，在强大的压力作用下，形成辐射状的径向裂隙，有时在径向裂隙之间还形成环状的切向裂隙，该区域内岩体本身结构没有发生变化。

(3) 震动区 在裂隙区以外的岩体由于爆破作用力衰减，只发生震动，所形成的震动圈内的岩体没有任何破坏，距离爆炸中心越远震动越小，以致完全消失。

通常把压缩区和裂隙区合并，总称为破坏区。

第二节 影响爆破效果的因素

一、对工程爆破的基本要求

① 按设计要求爆落和破碎岩石，既要避免欠挖或超挖，又要保护工程围岩或保留部分的岩体不受损伤。

② 爆破块度要比较均匀，大块率要低，块度级配比要适宜，减少二次破碎的工程量。

③ 爆堆比较集中，提高铲装效率。

④ 提高炸药能量的利用率，炸药单耗要小。

⑤ 保证爆破作业与环境安全，把爆破地震、空气冲击波、个别飞石、有毒气体、噪声和粉尘等爆破公害限制在允许范围以内。

总之，对于任何一项爆破工程来说，做到技术可行，安全可靠和经济合理是最基本的要求。

二、影响爆破效果的主要因素

要想达到预期的爆破效果和进一步改善爆破效果，就必须对影响爆破的各因素做出正确分析。这些因素是：炸药性能、装药结构、炮泥、装药爆轰方向和起爆点数目、岩石性质与地质构造。

1. 炸药性能的影响

在炸药的各种性能中（包括物理性能、化学性能和爆炸性能），直接影响爆破作用及其效果的，主要是炸药密度、爆热和爆速。因为它们决定了在岩体内激起爆炸应力波的峰值压力、应力波作用时间、热化学压力、传给岩石的比冲量和比能。

无论是破碎还是抛掷岩石，都是靠炸药爆炸释放出的热能来做功的。增大爆热和炸药密度，可以提高单位体积炸药的能量密度，同时也提高了爆速。对用化合炸药做敏感剂的工业炸药来说，爆热增大两倍，炸药成本约提高十倍多，相应地增大了打眼工作量及其成本。工业炸药的密度也有其极限值，过该值后，炸药不可能稳定爆轰。因此，改善爆破效果的有效逾径，是提高炸药能量的有效利用。

爆速是炸药本身影响其能量有效利用的一个重要性能。不同爆速的炸药，在岩体内爆炸激起应力波的参数不同，从而对岩石爆破作用及其效果有着明显的影响。

若炸药密度和爆热相间，提高爆速可以增大应力波的应力峰值，但相应地减小了它的作用时间。爆破岩石时，其内裂隙的发展不仅决定于应力峰值，且与应力波形、应力作用时间有关。

2. 装药结构的影响

炸药在炮眼内的安置方式称为装药结构。最常采用的装药结构有两种：连续装药和间隔装药。在间隔装药中，又有炮泥间隔、木垫间隔以及空气柱间隔三种方式。

试验证明，在一定岩石和炸药条件下，采用空气柱间隔装药，可以增加用于破碎或抛掷岩石的爆炸能量，提高炸药能量的有效利用率，降低耗药量。

空气柱间隔装药可以减弱爆破作用对孔壁的破坏，延长爆炸作用时间，对达到某些特殊爆破目的十分有利，并可改善爆破效果，空气柱间隔装药一般有轴向空气间隔装药和环向空气间隔装药两种，如图 3-3 所示。

（1）轴向空气间隔装药　这种装药的特点是结构简单，可使炮孔轴线方向上炸药分布得比较均匀，爆破块度均匀，因而可使炸药单耗有所降低，这种装药结构多用于深孔崩矿爆破。

（2）环向空气间隔装药　这种装药结构也叫不耦合装药，它能更均匀地降低

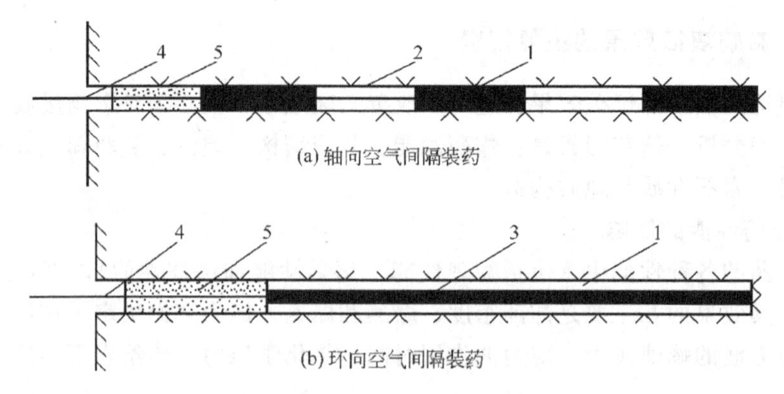

图 3-3 空气柱间隔装药示意图

1—炸药；2—轴向空气间隔；3—环向空气间隔；4—导爆索；5—炮泥

炮孔壁所受到的爆破作用，有利于保护围岩不受破坏，因此，在光面爆破、预裂爆破等爆破中常用。

在一定岩石条件下，加强抛掷大爆破中，采用空腔装药结构，对爆破效果也能有较好的改善。

通常采用的炸药条件下，不同岩石适用的空气柱长度与装药长度的比值可参照表 3-1 选用。

表 3-1 合理空气柱长度

岩 石 性 质	空气柱长度与装药长度的比值
软岩	0.35～0.4
中等坚固性多裂隙岩石(f=8～10)	0.3～0.32
中等坚固性块体岩石(f=8～10)	0.21～0.27
多裂隙的坚固岩石(f=12～16)	0.15～0.2
坚固、韧性且具有微细裂隙的岩石	0.15～0.2

若空气柱长度超过 3.5～4m，应采用多段间隔装药。在井巷掘进中，一般可将装药分为两段，其中底部装药宜为总药量的 65%～70%，装药间用导爆索连接起爆。如果没有合适的起爆方法，也可以采用多段间隙装药，使装药间距离不超过殉爆距离，或采用连续装药，将空气柱留在装药与炮泥之间。

此外，在巷道光面爆破中，若没有专用的光爆炸药可供使用时，也可以采用空气柱间隔装药（增大空气柱长度），来控制炸药的爆破作用。

3. 炮泥的影响

用来封闭炮眼的材料统称为炮泥。炮泥的作用是：保证炸药充分反应，使之放出最大热量和减少有毒气体生成量；降低爆炸气体逸出自由面的温度和压力，提高炸药的热效率，使更多的热量转变为机械功；在有沼气的工作面内，除降低爆炸气体逸出自由面的温度和压力外，炮泥还起着阻止灼热固体颗粒（例如雷管壳碎片等）从炮眼内飞出的作用。

4. 装药爆轰方向和起爆点数目的影响

装药采用雷管起爆时，雷管所在位置称为起爆点。起爆点通常是一个，但当装药长度很大时，也可以安置多个起爆点，或沿装药全长敷设导爆索起爆（相当于无穷多个起爆点）。

单点起爆时，若起爆点置于装药顶端（靠近炮眼口的装药端），爆轰波传向眼底，这种起爆方式称为正向起爆。反之，起爆点置于装药底端，爆轰波传向眼口，就是反向起爆。

试验表明，起爆点位置和爆轰方向也是影响岩石爆破作用和爆破效果的重要因素。炮眼利用率随起爆点移向装药底部而增加，增加程度与岩石性质、炸药性质、炮眼深度有关。此外，炮泥对炮眼利用率的影响也和起爆点位置有关，随起爆点移向装药底部，炮泥的影响逐渐减小。

《煤矿安全规程》规定在有沼气的工作面内进行爆破时，只能采用反向起爆。

5. 岩石性质及地质构造

不同的岩石，其硬度是不同的，因此，爆破时应选用不同的炸药，以便获得较好的爆破效果。一般来讲，爆破中硬和坚硬岩石时，应选用爆速较高的炸药；而爆破较松软的岩石时，应选用爆速较低的炸药进行光面爆破和预裂爆破时，为了保护孔壁围岩免遭破坏，通常应采用低爆速的炸药。

从地质条件方面讲，构造上不均质的岩石常会使爆破作用减弱，明显的裂隙能够阻止爆破能量的传播而使破坏区范围受到局限。通过药包的裂隙能使爆破生成的气体产物的压力下降而影响爆破效果。其他地质结构面对爆破也有不同程度的影响，大致表现在：改变抵抗线的方向，造成超挖或欠挖；引起冲炮，造成爆破事故；降低爆破威力，影响爆破效果；影响爆破岩石的块度，造成爆破不均，有的地方炸得很碎，有的地方出现大块或没有松动；影响爆破施工，造成施工安全事故，如岩溶水的威胁，开挖坑硐的崩塌、陷落等现象；影响爆破后边坡的稳定等。不过节理、裂隙的存在，也有有利的一面，岩石在爆破作用下，很容易沿着这些弱面破裂。

第三节 采掘爆破技术

一、概述

目前，矿山采掘施工工艺主要有两种方法，即综合机械化施工法和钻眼爆破法。钻眼爆破法是井巷施工的基本方法，特别是当岩石的坚固性系数 $f>6$，是惟一有效和经济的方法，但和机械化作业相比，存在各工序不连续、组织管理复杂等不足。在较复杂的地质条件下，使用采煤机尚有一定的困难时，爆破落煤是有效的落煤方式。

钻眼爆破是采掘作业循环中的一个先行和主要的工序，其他后继工序都要围绕它来安排。采掘爆破的主要任务是保证安全条件下，高速度、高质量的将煤岩按规定要求爆破下来，并尽可能不损坏井筒或巷道围岩。为此，需要在工作面上布置一定数量的炮眼和确定炸药用量。

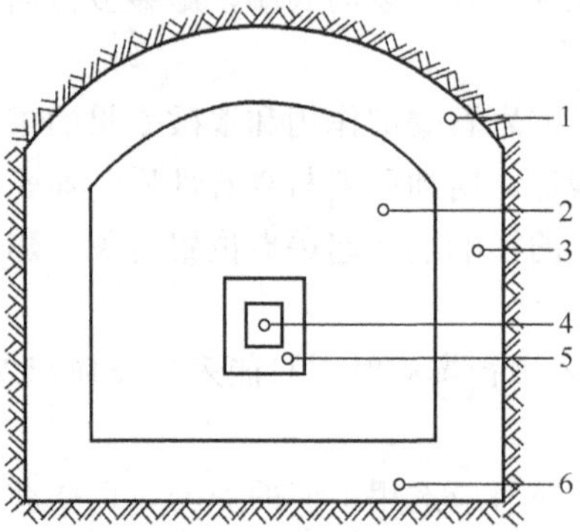

以巷道为例，按用途不同，将炮眼分为四种，如图 3-4 所示。

图 3-4 各种用途的炮眼名称

1—顶眼；2—崩落眼；3—帮眼；

4—槽眼；5—辅助眼；6—底眼

掏槽眼——用于爆破出新的自由面，为其他炮眼创造有利的爆破条件。

辅助眼——用来进一步扩大掏槽眼爆破形成的自由面。

崩落眼——是破碎煤岩的主要炮眼，经掏槽眼、辅助眼爆破后，崩落眼就有足够大的平行或大致平行于炮眼的自由面，在该自由面方向上形成较大的爆破漏斗。

周边眼——也称轮廓眼，主要用途是使爆破后的巷道断面、形状和方向符合设计要求。按周边眼的位置可分为顶眼、帮眼和底眼。

二、工作面炮眼布置

炮眼布置是影响爆破效果的重要因素之一。影响炮眼布置的主要因素：岩石性质、巷道断面和形状、炸药性能和炮眼装药量等。由于地下的地质条件变化很大，工作面的炮眼布置不能一成不变，必须根据具体地质情况进行布置和调整。

（一）掏槽眼布置

掏槽眼的作用，首先是把工作面某一部分岩石破碎下来并将它抛出形成空腔，使工作面形成第二个自由面，为其余炮眼爆破创造有利条件。掏槽眼的爆破好坏，是每一循环进尺的关键。

掏槽眼一般位于巷道断面中央靠近底板，这样便于钻眼时掌握方向，并且有利于上部炮眼爆破时岩石借自重而崩落。如断面中存在软、硬夹层时，则掏槽眼应位于软岩层中。

根据掏槽眼与工作面之间的夹角，可分为：斜眼掏槽法，其中有单向掏槽、锥形掏槽、楔形掏槽；直眼掏槽法，其中有平行龟裂掏槽、角柱掏槽、菱形掏槽、螺旋掏槽；混合掏槽法，即斜眼和直眼混合掏槽。

1. 斜眼掏槽法

斜眼掏槽法是常见的一种掏槽法。优点是：可以充分利用自由面，逐渐扩大爆破范围，掏槽面积较大，适用于大断面巷道。缺点是：炮眼深度受巷道宽度的限制，因此循环进尺受到限制，不利于多台凿岩机同时作业。

(1) 单向掏槽法　这种方法适用于有明显的松软夹岩，如图 3-5 所示。均质坚硬岩层很少应用。

(2) 锥形掏槽法　这种方法掏出的槽腔成锥形，如图 3-6 所示。炮眼数一般为 3 个或 4 个，由于装药量比较集中，爆破效果较好。但由于炮眼深度受到较大的限制，而且钻眼很不方便。

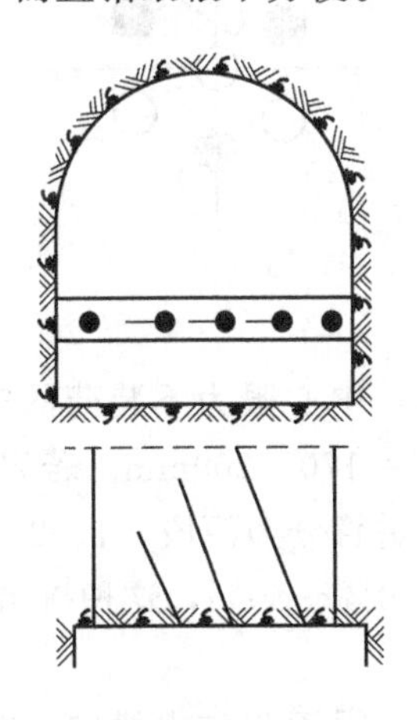

图 3-5　单向掏槽

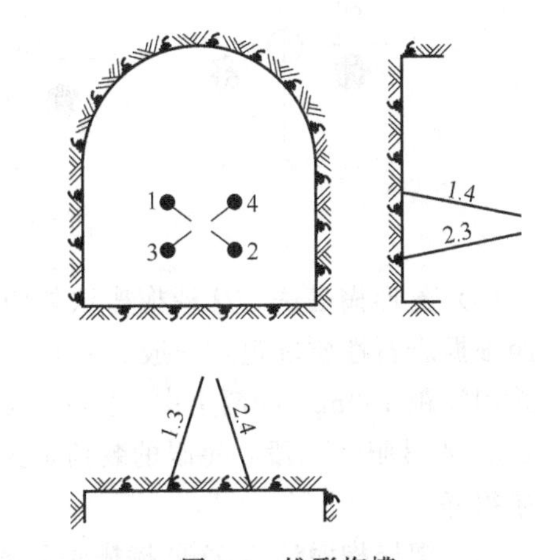

图 3-6　锥形掏槽

(3) 楔形掏槽法　这种掏槽法的槽腔呈楔形，应用广泛。坚硬岩石多数采用楔形掏槽，如图 3-7 所示。掏槽眼数目依据断面和岩石性质，一般 6～8 个。炮眼与工作面的夹角大致为 65°～75°，槽口宽度依据眼深和夹角，一般为 1.0～1.4m，掏槽眼的排距为 0.4～0.6m。

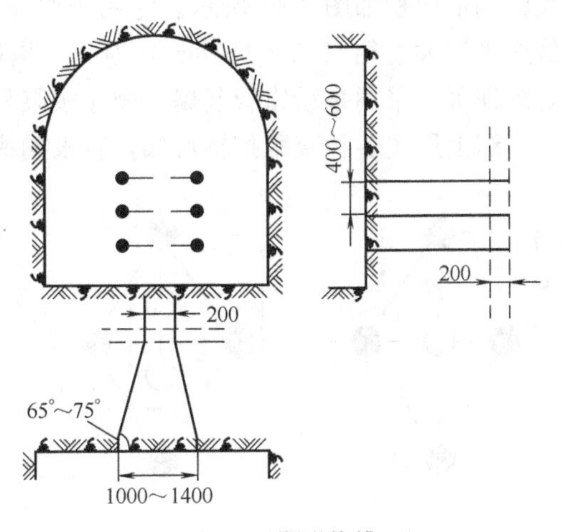

图 3-7　楔形掏槽

2. 直眼掏槽法

这种掏槽法的特点是，所有掏槽眼都垂直于工作面，彼此间距较小，而且保持平行，同时留有不装药的空

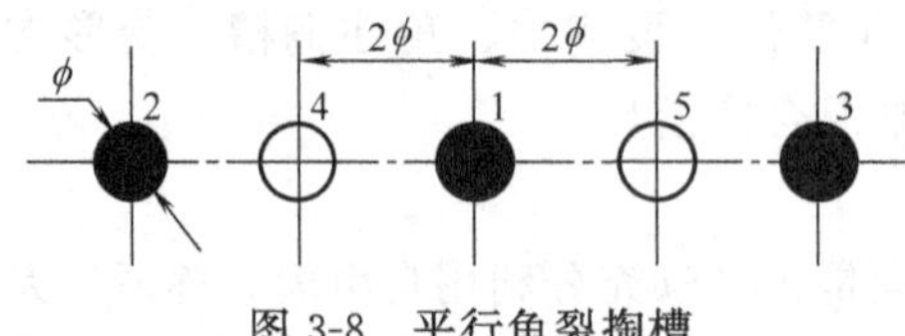

图 3-8 平行龟裂掏槽

眼。炮眼深度不受巷道断面的限制，可以进行深孔爆破。

(1) 平行龟裂掏槽法　这种掏槽法适用于中硬岩石小断面，如图 3-8 所示。它要求所有炮眼底部都要落在同一平面上，彼此保持平行。

(2) 角柱掏槽法　这种掏槽法形式很多，掏槽眼一般都对称布置，适应于中硬岩石，现场应用较多。眼深一般为 2.0～2.5m，眼距 100～300mm，如图 3-9 所示。

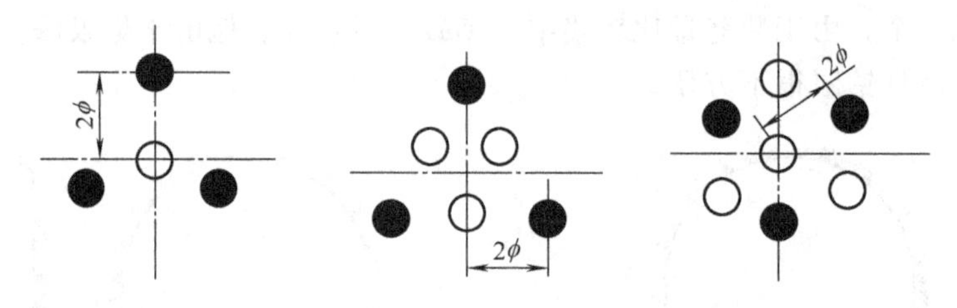

图 3-9 角柱掏槽

(3) 菱形掏槽法　这种掏槽法如图 3-10 所示，中心眼为不装药的空眼，各眼距根据岩石性质确定，一般 $a=100\sim150$mm；$b=170\sim200$mm。若岩石坚硬，可采用间距 100mm 的两个中心空眼。起爆用毫秒雷管分为两段，1、2 号眼为一段，3、4 号眼为二段。每眼的装药量为炮眼长的 70%～80%，这种掏槽法简单，效果很好。

(4) 螺旋掏槽法　这种掏槽法是掏槽眼绕中空眼逐步扩大槽腔，能形成较大的掏槽面积如图 3-11 所示。它用于中硬以上岩石，掏槽效果良好。中心空眼最好采用大直径（75～120mm）炮孔，掏槽效果更好。一般除空眼外，有 4 个炮眼即可。采用毫秒雷管起爆，顺序按眼号 1、2、3、4 进行。

综上所述各种直眼掏槽可知，直眼掏槽的破碎岩石不是以工作面作为主要自

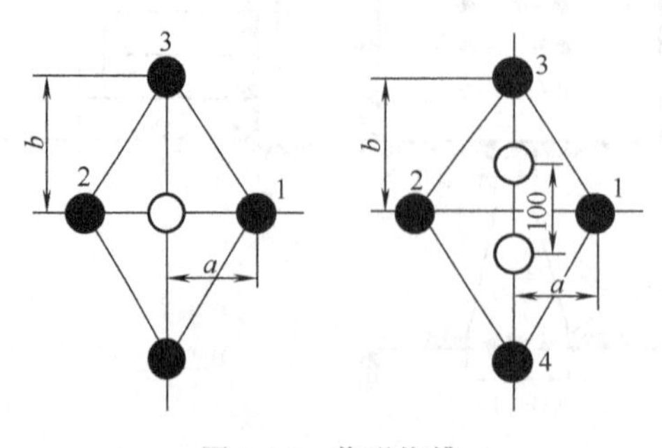

图 3-10 菱形掏槽

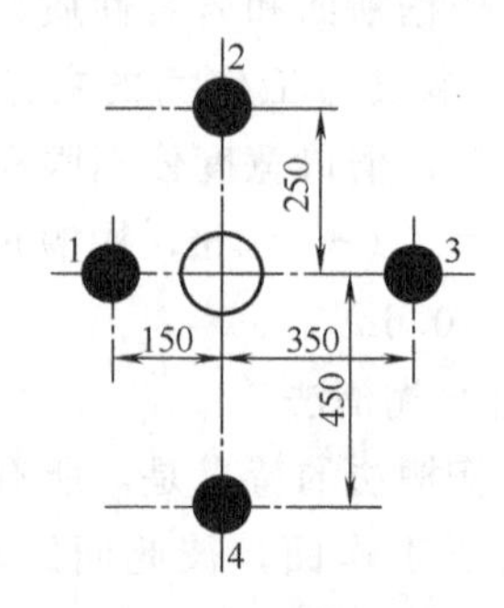

图 3-11 螺旋掏槽

由面，而是以空眼作为主要自由面，因此岩石破碎的方向主要指向空眼。所以采用直眼掏槽时，应该注意以下各点：

① 空眼与装药眼之间的距离，一般为空眼直径的2～4倍；

② 随着炮眼深度和槽腔体积的增加，空眼数应相应增加；

③ 直眼掏槽一般都是过量装药，装药系数一般为70%～80%；

④ 由于空心眼内往往聚集沼气，所以在有沼气爆炸危险的地区，应慎重使用，并且应有周密的安全措施。

3. 混合掏槽法

直眼掏槽时，槽腔内的岩碴往往抛不出来，影响其他眼的爆破效果，因此在直眼掏槽的外围再补加斜眼掏槽，利用斜掏槽眼抛出槽腔内的岩碴，这样就形成了混合掏槽法，如图3-12所示。一般斜眼做楔形布置，它与工作面的夹角一般为85°。在有条件的情况下，斜眼尽量朝向空眼，这样更有利于抛碴，装药系数以0.4～0.5为宜。

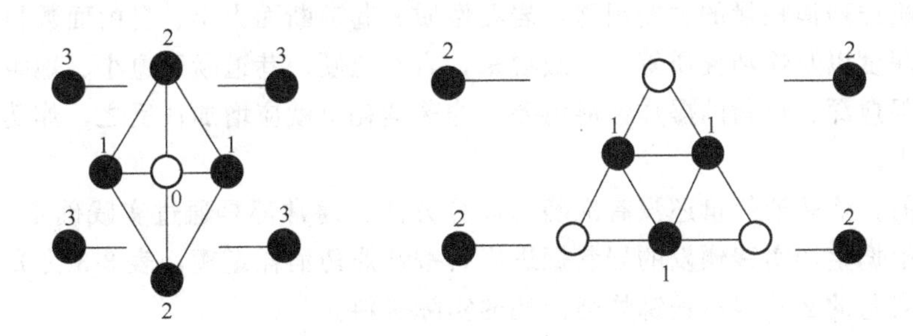

图3-12 混合掏槽

（二）辅助眼布置

辅助眼（包括崩落眼），是布置在掏槽眼与周边眼之间的炮眼，是大量崩落岩石和刷大断面的主要炮眼。辅助眼之间和辅助眼各圈之间的距离，一般均为400～600mm，方向基本垂直工作面，且要布置比较均匀，使崩下的岩石块度大小和堆集距离，都要便于装岩工作。

（三）周边眼布置

周边眼是用来崩落岩石并形成巷道断面的设计轮廓，它是决定巷道成型的主要因素。周边眼的间距一般为500～800mm。根据岩石硬度，帮眼眼口距岩帮约100～200mm，帮眼眼底一般伸出巷道轮廓线外100～200mm。底眼眼口距底板150mm，并需向下倾斜，一般扎到底板标高以下200mm左右，以防拉底，便于铺轨。

三、爆破参数

巷道掘进的爆破参数为：炸药消耗量、炮眼直径、炮眼深度和炮眼数目。这些参数的正确确定，对于巷道掘进具有重要意义，但至今还没有一套比较完善的计算方法，有些计算方法也只能作为实际中的参考，这主要由于各参数之间的相互影响以及岩石多变的原因所致。因此，目前多根据经验类比和直接试验来确定各爆破参数。

（一）炸药消耗量

炸药消耗量一般以爆破 $1m^3$ 实体原岩所需的炸药量（kg/m^3）来计算，通常称为炸药单位消耗量或炸药单位用量。炸药消耗量决定合适与否，将直接影响到岩块的大小、钻眼工作量和装岩工作量、巷道轮廓的整齐和稳定性、炮眼利用率和巷道掘进成本等。

影响炸药消耗量的主要因素：岩石性质、巷道断面大小、自由面数目、炮眼直径和深度以及炸药性质等。一般说来，岩石愈硬、巷道断面愈小、炮眼直径愈小、炮眼愈深、炸药的爆炸性能愈差，炸药消耗量就应增加；反之，炸药消耗量就应减少。

目前，炸药消耗量还没有准确的计算方法，通常都是通过实践确定。表 3-2 为中国根据生产实践颁发的岩巷掘进岩石铵锑炸药消耗定额，表 3-3 为光面爆破时掘进岩巷的 2 号岩石铵锑炸药消耗的实际资料。

表 3-2 岩巷掘进岩石铵锑炸药消耗定额/（kg/m^3）

巷道断面/m^2	岩石坚固系数 f					
	1.5	2～3	4～6	8～10	12～14	15～20
<6	0.78	1.05	1.50	2.15	2.64	2.93
<8	0.65	0.89	1.28	1.89	2.33	2.59
<10	0.56	0.78	1.12	1.69	2.09	2.32
<12	0.52	0.72	1.01	1.51	1.90	2.10
<15	0.47	0.66	0.92	1.36	1.78	1.97
<20	0.44	0.64	0.90	1.31	1.67	1.85
>20	0.40	0.60	0.86	1.26	1.62	1.80

（二）炮眼直径

炮眼直径是根据药卷直径确定的。现在一般都采用直径 32～35mm 的标准药卷，炮眼直径要求比药卷直径大 2～4mm，所以炮眼直径一般为 34～38mm。

表 3-3　光面爆破时掘进岩巷的 2 号岩石炸药消耗量

巷道掘进断面 /m^2	岩石坚固系数 f	炸药消耗量 /(kg/m^3)	掏槽方式	循环进尺 /m
6.85	6～8(砂岩)	1.88	五星半空眼(山东)	1.5
7.22	4	2.22	楔形(开滦)	1.0
9.60	4～6(砂页岩)	1.92	五星(开滦)	2.5
11.8	6～8	1.60	混合(大同)	1.8
12.40	4～6	1.24	楔形(徐州)	1.5
27.20	花岗岩	1.52	五星半空眼(山东)	2.5
36.70	4	0.92	楔形(兖州)	1.8

实践证明，如果采用 45mm 大直径药卷爆破，尽管炮眼数目减少了，爆破材料有所降低，但爆破震动较大，巷道轮廓难以保证，特别影响到光爆锚喷新技术的应用。因此，巷道掘进中不宜采用，一般还是采用小直径多炮眼爆破为好。

（三）炮眼深度

炮眼深度直接决定每一循环进尺，同时又决定着循环工作量。炮眼深度增加，钻眼和装岩工作量都会增加。所以炮眼深度除考虑钻眼速度和爆破效果（炮眼利用率）外，还应和循环工作量与循环时间结合起来统一考虑，才能确定合理的炮眼深度。

炮眼深度还需与凿岩设备相适应，如采用气腿式轻型凿岩机（通常使用 7655 型凿岩机），一般炮眼深度以 2.0～3.0m 为宜，如采用台车配重型凿岩机，则炮眼深度大于 3m 为好。

（四）炮眼数目

炮眼数目和炮眼布置密切相关。掘进工作面每一循环所需的炮眼数目，必须根据岩石性质，巷道断面大小以及爆破材料，按不同作用的各种炮眼间距，分别合理布置，最后排列出的炮眼数，就是每一循环的炮眼总数。

另外，也可按炸药单位消耗量估算每一循环所需的炸药总消耗量，然后再以每个炮眼的平均装药量除以炸药总消耗量，即可算出炮眼的总数。一般炮眼的装药系数对于各类炮眼是不相同的，掏槽眼装药系数 0.7～0.8，辅助眼和周边眼为 0.5～0.7。因此炮眼的平均装药量应取二者的平均值即 0.6～0.75 计算。

实际工作中，上述两种确定炮眼的方法，应互相对照参考，最后还应根据具体情况可能增加几个炮眼。表 3-4 列出不同情况下岩巷掘进的炮眼数，供使用时参考。

四、爆破作业图表

爆破作业图表是钻眼爆破作业的依据。其内容分三部分：第一部分是爆破条件；第二部分是炮眼布置图表（爆破说明书）；第三部分是预期爆破效果。

表 3-4　岩巷掘进时的炮眼参考数

巷道掘进断面/m²	岩石坚固性系数 f					
	1.5	2～3	4～6	8～10	12～14	15～20
	炮眼数/个					
6	9	13	18	25	31	34
8	10	14	20	29	36	40
10	11	15	22	33	41	45
12	12	17	24	35	44	49
15	14	19	27	40	52	57
20	17	25	35	51	65	72

爆破图表的编制，首先应根据实际资料初步拟定爆破图表，这个初步图表经过若干循环爆破实践，不断修改完善之后，才能作为正式爆破施工的依据。

表 3-5、表 3-6 和表 3-7、图 3-13 为某矿的爆破图表。

表 3-5　爆破条件

顺　　序	名　　称	单　　位	数　　量
1	掘进断面	m²	7.8
2	岩石坚固系数 f		4～6
3	工作面瓦斯情况		
4	四段电雷管	个	24
5	2 号岩石铵锑炸药	kg	13.4

表 3-6　炮眼布置和装药（爆破说明书）

眼号	炮眼名称	炮眼深度/m	炮眼长度/m	倾　角		装药量		爆破顺序	连线方式
				水平	垂直	个/眼	总计/个		
1～5	掏槽眼	1.8	1.9	71°		5	25	Ⅰ	串、并联
6～9	辅助眼	1.6	1.6			3	12	Ⅱ	
10～15	辅助眼及帮眼	1.6	1.6			3	18	Ⅲ	
16～19	顶眼	1.6	1.6			3	12	Ⅳ	
21～23	底眼	1.6	1.6		86°	4	12	Ⅴ	
20,24	角眼	1.8	1.85	84°	85°	5	10	Ⅵ	
	共计						89		

表 3-7　预期爆破效果

名　　称	单位	数量	名　　称	单位	数量
炮眼利用率		0.85	每米巷道炸药消耗量	kg/m	9.83
每循环工作面进尺	m	1.36	每循环炮眼总长度	m/循环	37.8
每循环爆破实体岩石	m³	10.6	每立方米岩体雷管消耗	个/m³	2.24
炸药消耗量	kg/m³	1.26	每米巷道雷管消耗	个/m	17.6

五、爆破落煤工作面回采工艺

在较复杂的地质条件下，使用采煤机尚有一定的困难时，爆破落煤仍是有效

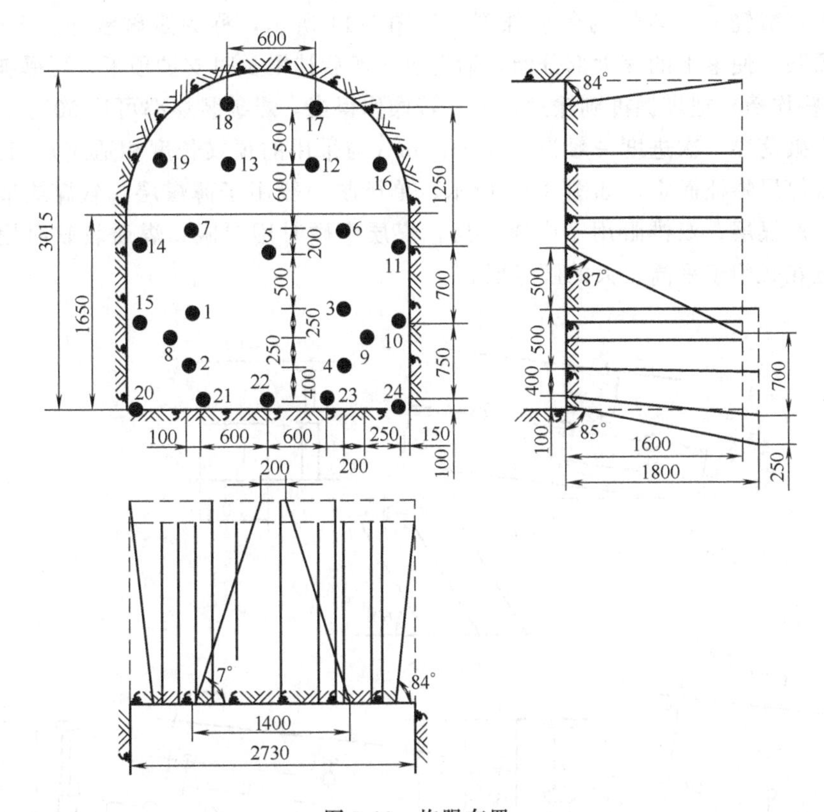

图 3-13　炮眼布置

的落煤方式。爆破落煤工作面，除了落煤与装煤外，其他工序如移溜、挂梁、打柱、放顶以及循环作业方式等均与普通采煤工作面相同。

最小控顶距离一般也为三排支柱，即保持输送机道、人行道和材料道。输送机道紧靠煤壁，输送机离煤壁保留 0.3m 的“炮道”，以防止爆破时崩倒支柱和崩坏输送机，并给爆破后的碎煤留有足够的空间。爆破可使相当数量的煤落在输

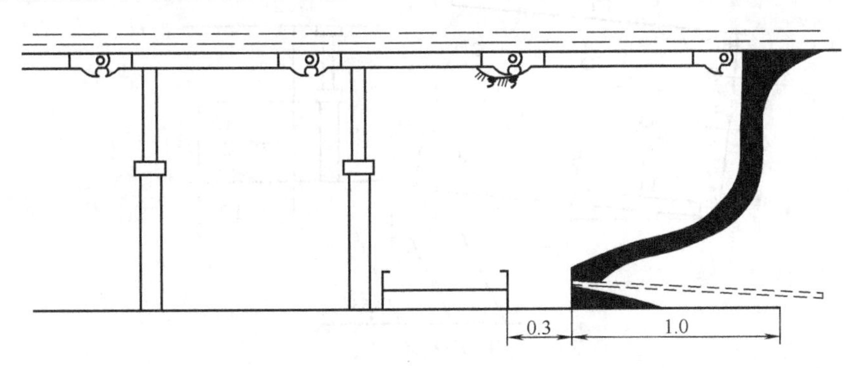

图 3-14　爆破装煤工作面

送机上，减轻工人装煤的劳动强度，如图 3-14 所示，称为爆破装煤。爆破时，先放顶眼，使落下的煤大部分溜入输送机，然后挂梁及时支护顶板，再爆破底眼（多装些炸药）把煤抛掷到输送机上，若操作得当，爆破装煤率可达 50％以上。

爆破落煤一次进度一般为 1.0～1.2m（与采用的顶梁长度相适应），其炮眼布置视煤层特征而定，如图 3-15 所示，单排眼一般用于薄煤层、软煤或节理发育的中厚煤层；双排眼用于中厚煤层，煤质中硬时用对眼；煤质较软时用三花眼，五花眼用于采高较大的硬煤层。

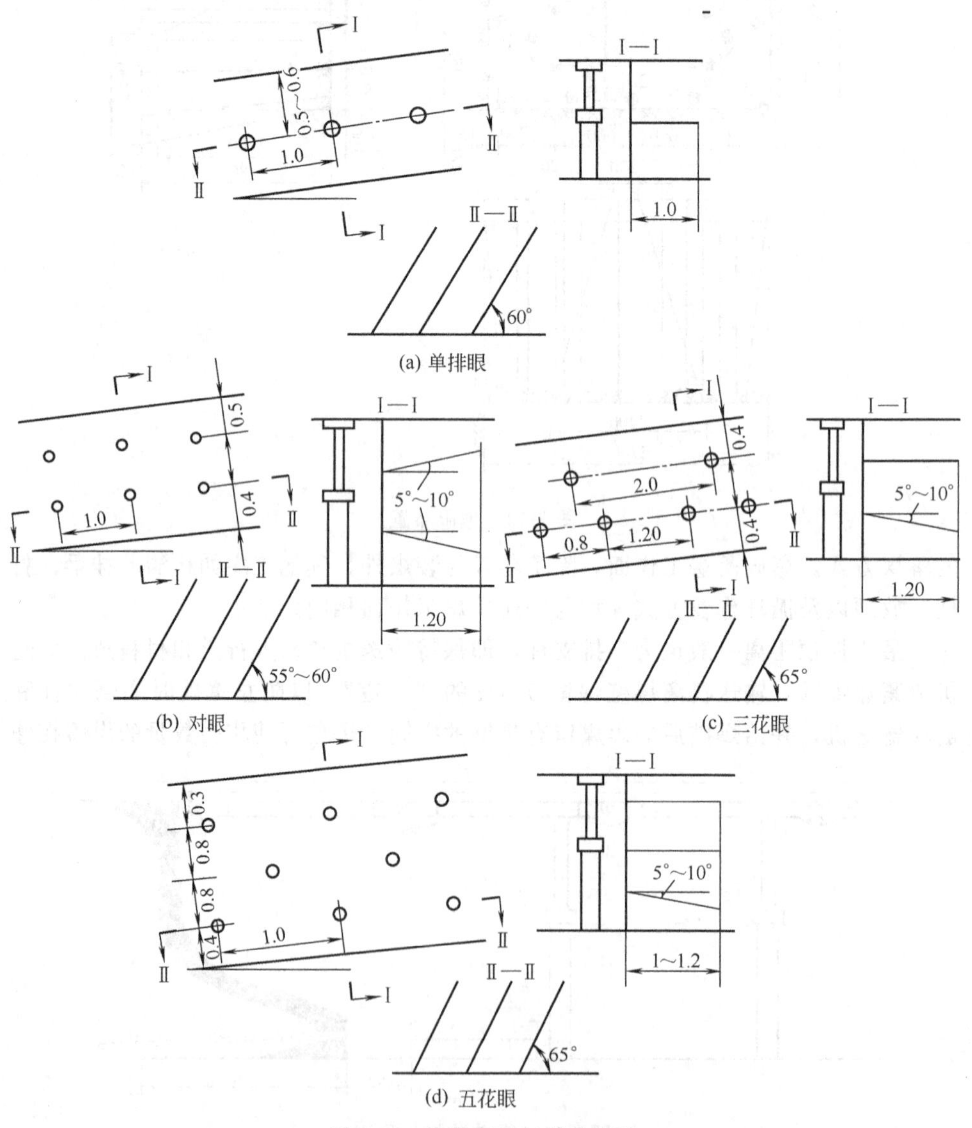

图 3-15　炮眼布置与煤层特征

炮眼装药量应在实践中通过试验确定，在顶眼、底眼分次放炮时，视煤的硬度、落煤进度等条件确定，底眼装药量可为0.15～0.30kg，顶眼可酌情减少。

第四节　地面爆破的基本方法

一、炸大块孤石

炸大块孤石可以采用裸露药包法和炮眼爆破法。裸露药包法又称糊炮。即在孤石面上或紧靠其侧面、底面放置炸药包，再覆盖炮泥进行爆破，如图3-16（a）所示。

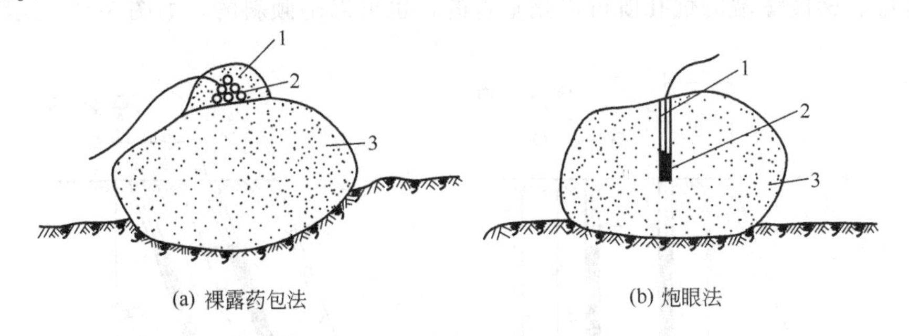

(a) 裸露药包法　　(b) 炮眼法

图3-16　炸大块孤石

1—炮泥；2—炸药；3—孤石

炸孤石所需炸药量（m）可按下列公式估算：

$$m=qV$$

式中　V——孤石体积，m^3；

　　q——单位耗药量，kg/m^3。

q值取决于孤石的岩性、体积和所采用的炸药性质，一般为1.5～3kg/m^3。如果采用聚能药包炸孤石，可以减少药量。

裸露药包炸孤石的方法虽然简单，但消耗药量大，不经济，在空中还会激起很强的冲击波，当孤石体积不大时，可采用这种方法。

采用炮眼法炸孤石，如图3-16（b）所示，炮眼直径一般为25～40mm。炮眼深度和单位体积炸药消耗量，依据岩石的性质、孤石的厚度以及炸药的类型来确定，表3-8给出了使用2号岩石炸药时的参考值，至于需要布设的炮眼数目可根据总装药量和每个炮眼的装药量来计算。对埋入地面以下的孤石，可以埋入的深度，通过加大炮眼深度和装药量来达到爆破的目的。

表 3-8 炮眼法炸孤石的炮眼深度和单位耗药量

孤石厚度/m	炮眼深度/m	单位耗药量/(kg/m³)	孤石厚度/m	炮眼深度/m	单位耗药量/(kg/m³)
0.5～0.6	0.25	0.23～0.35	1.0～1.5	0.80	0.12～0.17
0.7～0.8	0.35	0.17～0.29	＞1.5	＞2/3 孤石厚度	0.14
0.9～1.0	0.40	0.14～0.23			

二、梯段爆破

梯段爆破，也称台阶爆破，分成浅眼爆破（指炮眼直径不超过 50mm，炮眼深度不超过 5m）和深孔爆破（指炮眼直径在 75mm 以上，眼深超过 5m）两种。

梯段爆破主要用于斜坡底面场地平整，平地开挖深堑沟以及露天采矿和剥离工程中。梯段爆破的炮孔既可以是垂直的，也可以是倾斜的，如图 3-17 所示。

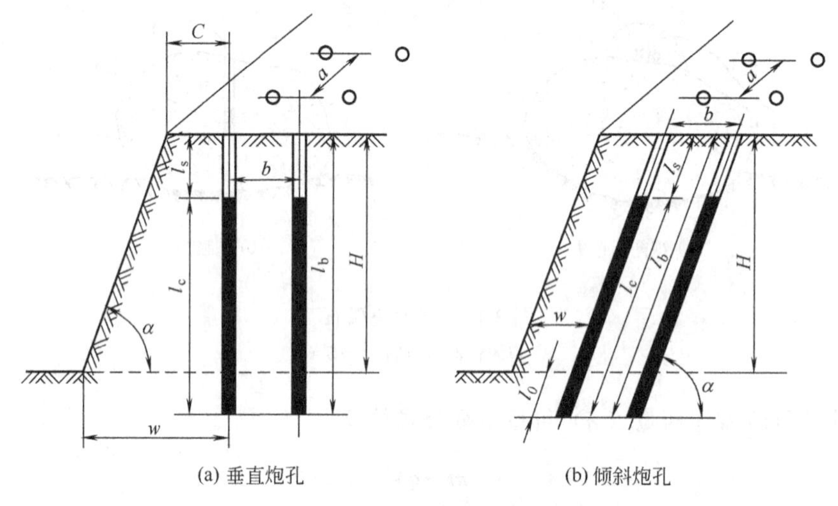

图 3-17 梯段爆破

为使爆破后得到平整底板，不留根底，炮孔深度应大于梯段高度。超出底板的炮孔长度 l_0 称为超钻长度，超钻长度变动范围为装药直径的 10～15 倍。若梯段底板为软岩层或存在有水平裂缝时，为不破坏底板完整性，可减小超钻长度，或完全取消，而采用调整其他爆破参数的方法来获得平整底板。

在梯段底盘平面上，自炮孔中心至坡脚线的距离称为底盘抵抗线，它是梯段爆破的一个重要爆破参数。

1. 钻孔直径的选择

设备类型决定着钻孔直径，因此钻孔直径的选择就是设备类型的选择。选择设备类型，有以下几个步骤。

① 按工程总量、单工程量来计算总穿孔工作量、年穿孔工作量；

② 按年穿孔工作量，选择设备类型，确定设备效率，计算设备数量；

③ 按技术经济条件校验选择的设备类型、数量是否可行，经济效益是否合理。

一般来讲，大型露天矿宜采用孔径 200mm 以上穿孔设备，中型采用孔径小于 200mm，小型宜采用小于 150mm 的孔径。铁道石方工程及水利土石方工程一般都采用 100～150mm 的炮孔直径，当边坡进行控制爆破时则宜采用小于 100mm 直径的钻孔。

2. 底盘抵抗线的计算

底盘抵抗线的大小与炮孔直径有密切关系，可用经验公式计算：

$$W=nD$$

式中 W——底盘抵抗线，m；

D——炮孔直径，m；

n——与炮孔倾角、岩石硬度有关的系数，对垂直孔，岩石硬度大取小值，岩石硬度小则取大值。

底盘抵抗线的大小是与爆破效果密切相关的一个参数，底盘抵抗线过大根底增多，影响爆破效果；底盘抵抗线过小，爆破量又会太少，影响爆破技术经济指标。对于一定的炮孔直径有一个适合的抵抗线。当炸药威力稳定时，炮孔直径大，装药量就大，克服底盘抵抗线也就大一些，也就是设计的底盘抵抗线可取大值，反之，炮孔直径小，底盘抵抗线就取小值。

在计算底盘抵抗线的数值以后，还要按每个炮孔的装药条件进行核算，其公式为：

$$W=D\sqrt{\frac{7.85\Delta\tau}{mq}}$$

式中 D——炮孔直径，dm；

Δ——装药密度，kg/dm^3；

τ——装药系数，一般 0.6～0.8；

m——深孔密集系数，一般 0.7～1.4；

q——炸药单耗，kg/m^3。

核算公式的计算值应大于经验公式的计算值，否则就要经验公式计算值降低，不然就可能出现装不完计算炸药量的情况。

3. 孔距的计算

孔距是相邻两孔中心间的距离，可用经验公式计算：

$$a=mW$$

式中 a——孔距，m；对于一般条件下的爆破，取 $m=0.7$～1.4；对宽孔距爆破，$m=2.0$～2.5。

孔距的大小是穿孔爆破参数能否取得合理值的关键参数，爆破质量及技术经济指标与孔距取值是否合理密切相关，而孔距的大小又与爆破技术密切相关。例如，采用宽孔距技术时，爆破技术经济指标将会明显优越于一般爆破，在炮孔负担面积相同情况下爆破后岩石块度要小，因而采矿效果提高。根据有关资料，当炸药与岩石基本匹配时炮孔负担的面积可以提高10%～20%，炸药单耗降低5%～15%。

4. 排距

排距是两排孔之间的垂直距离，采用矩形或正方形排列时，排距即是前后排两个炮孔之间的距离，采用三角形排列时，排距是后排炮孔到前排两个炮孔中心连线的垂直距离。

排距的大小对爆破质量影响较大，后排孔由于岩石夹制性影响，排距应适当减小，按下列经验公式计算：

$$b=(0.6\sim1.0)W$$

式中　b——排距，m。

采用垂直孔，系数为0.6～0.8；倾斜孔系数为0.8～1.0。

排距的大小对技术经济指标影响很大，过大的排距将影响爆破质量，过小的排距则会减少爆破量，引起技术经济指标恶化。

5. 超深

超深是钻孔超过台阶底板的部分。超深是为了克服台阶底板的夹制作用使爆破后不留根底。超深的大小主要取决于岩石的可爆性，如果岩石坚硬、可爆性差，超深应加大，如果岩石松软，超深则小。超深与底盘抵抗线大或小、坡面角和底部装药情况有关，坡面角越大，底部装药量大，则超深就小，反之则大。

超深可用下式计算：

$$h=(0.15\sim0.35)W$$

或

$$h=(0.12\sim0.3)H$$

式中　h——超深，m；

　　H——梯段高度，m。

在实际施工设计中，为了保证下台阶的平整，要求超深的孔底保持在同一水平上。对于要求特别保护的底板，应将超深取负值。

6. 孔深

孔深是超深与台阶高度之和，即 $l_b=H+h$。

在实际施工中，钻孔内岩碴排不完，因此会出现钻孔深度与爆破实际孔深不一致的现象。在施工中，要尽量让孔深达到要求，以防出现根底。但是钻孔深度与爆破实际孔深的关系应在设计中充分考虑。

7. 孔边距

孔边距是炮孔中心到台阶坡顶线的距离，它的大小与岩石性质有关还对穿孔设备的安全影响较大，同时对垂直孔的底盘抵抗线大小有直接关系。在垂直深孔钻孔时，往往要求穿孔时孔边距在安全前提下，尽量小一些，因此孔边距的大小值，一般取2.5～3.0m。此处的意义是：作为穿孔参数要求孔边距尽量减小，但是安全作业要求孔边距大于2.0～3.0m。

8. 台阶高度

台阶高度的确是一个比较复杂的问题，是设计过程必须确定的内容。一般来说，确定台阶高度的原则如下。

① 为采装设备创造高效率工作的条件；

② 能创造最好的经济效益；

③ 满足安全施工的要求。

中国各行业间采用的台阶高度相差较大，主要随采装设备的不同而异，因此在确定台阶高度时，应把机械设备的安全效能放在第一位考虑，一般为8～10m。

9. 炸药单耗

炸药单耗就是爆破破碎单位体积（或质量）的岩石所消耗的炸药量，单位是kg/m^3。

炸药单耗与下列因素有关。

（1）岩石的爆破性　这与岩石的物理力学性质和结构特征有关，岩石越硬，越完善，炸药单耗就高。

（2）炸药的威力　在炸药与岩石相匹配的情况下，炸药的威力越高岩石破碎所需的炸药就越少，因而炸药单耗就越低。

（3）设计对岩石破碎块度的要求　设计要根据工程对岩石破碎块度的要求对穿孔参数进行调整，还要对炸药单耗进行调整，如果要求破碎块度小则炸药单耗就大，反之则单耗小。

有的工程对岩石破碎块度要求特殊，如果要求块度均匀时，炸药分配在岩体中亦要求均匀。除了对岩石块度有要求以外，对爆堆的抛散范围也有要求时，其单耗也不同。

以2号岩石炸药为例，梯段爆破的单位耗药量，可参照表3-9选用。

表3-9　梯段爆破的单位耗药量

岩石坚固性系数 f	2～3	4	5～6	8	10	15	20
单位耗药量/(kg/m^3)	0.39	0.45	0.50	0.56	0.62～0.68	0.73	0.79

10. 每米炮孔装药量

它是每米炮孔内可以装下的炸药量。每米炮孔装药是由炮孔直径、炸药密度、孔内含水条件等决定的，这个参数应通过试验来选取，因为计算之值与实际数据相差较大。

在选取每米炮孔装药量的值以后，可以校验炮孔内能不能装下计算的装药量。如果装不下，就要减少药量，或者缩小参数。

11. 填塞长度

填塞长度是指装药后炮孔的剩余部分作为填塞物充填的长度。

填塞长度是与爆破效果密切相关的参数，在一般情况下，填塞长度：

$$l_s=(0.5\sim0.7)H$$

或

$$l_s=(20\sim30)D$$

式中　l_s——填塞长度，m；

H——梯段高度，m；

D——炮孔直径，dm。

填塞长度受填塞物料质量的影响，当填塞物料是均匀颗粒的岩粉时，填塞长度按上式计算的数值可获得比较理想的爆破效果，当填塞物料的颗粒不均匀，则填塞效果较差，当填塞物料与水在一起进行充填时，填塞效果最为理想，当填塞物料不均匀时，可能产生爆炸气体从炮孔孔口冲出的现象，这会影响爆破效果，既可能产生大块和根底，又可能造成飞石事故，因此，填塞长度必须按设计施工，确保填塞长度是衡量施工质量的重要标志之一。

12. 分段装药

在台阶深孔爆破时，为改善爆破质量和工程的降震要求，炮孔需要分为几段装药，这就是分段装药。

一般只将一个孔分为两段装药，特殊条件下可以分为3～5段。分段装药的参数是：各段装药量、间隔长度、间隔区间的充填物、各段炸药的起爆及时间间隔。

(1) 各段装药量　各段装药量是根据各段药量中心所对应的抵抗线而确定的，据此而确定的装药量可以明显地改善爆破破碎效果，如图3-18所示。

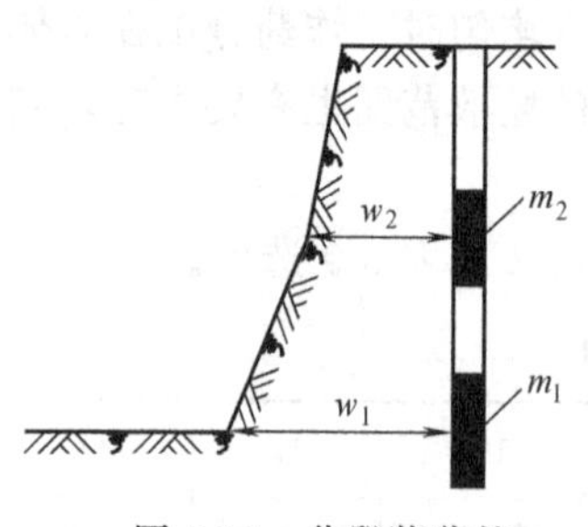

图3-18　分段装药的抵抗线示意图

为了降震，采用降低一次起爆药量可以得到明显效果，通过分段装药来达到降低一次起爆药量的目的，因此一般的分段装药量为整孔药量的2/5或3/5，也可以按1/2分配药量。

(2) 分段间隔长度　为了保证爆破质量，采用分段装药，主要按地形条件确定分段的装药中心，然后按药量推算装药长度，各分段间的差距就是间距。例如：孔深15m，下部装药量为240kg，上部装药量为120kg，在台阶高4m处有一凸起部要求分段，台阶地形条件如图3-19所示。下部240kg炸药装药长度为4m，60kg/m；上部120kg炸药装药长度为2m，主要改善凸起部的破碎质量。若不分段，

360kg 炸药装药长度为 6m，装药中心在底板水平面上，对离下部水平面 4m 高的凸起部分的破碎质量是不能保证的。

按照这种计算方法，可以计算出 450kg 装药量的炮孔，为降震分段装药的分段间隔长度。450kg 装药长度为 7.5m，60kg/m。孔深 15m，充填长度为 6m，按 2/5、3/5 分段分配上、下部药量分别为 180kg、270kg，下部装药量 270kg，装药长度为 4.5m，上部装药量 180kg 装药长度 3.0m，上、下部共装药 7.5m 长，保留 6.0m 的填塞长度，上、下部可以间隔充填 1.5m，按这个长度，下部药量的装药中心在底板水平面以下 0.75m 处，可以保证下部的爆破质量。

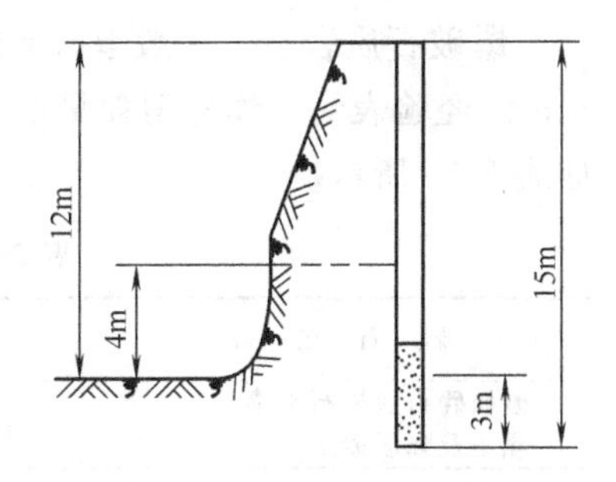

图 3-19　台阶地形条件下的装药情况

(3) 分段间隔的填塞　分段间隔的填塞，可以实施空气间隔的填塞，也可以用穿孔岩碴来填塞。空气间隔填塞可以延长爆炸气体的作用时间，从而达到改善爆破质量的效果。

分段装药，要严格按设计要求施工，否则会影响爆破质量。

三、硐室爆破

硐室爆破是将大量炸药（几吨至千吨以上）装在坑道或硐室内进行大规模爆破的方法，故通常称作大爆破。按爆破目的不同，硐室爆破分为抛掷爆破和松动爆破两种。

抛掷爆破除破碎岩石外，还要求按规定方向将部分或全部爆破下的岩石抛弃到指定界限范围内。这种方法常用于开挖河道、路堑或路基、筑坝和用于露天矿山的基本建设中。

岩石抛掷的主要方向是沿最小抵抗线方向。根据岩石抛出方向，有单侧、双侧和多侧几种抛掷爆破。单侧抛掷又称为指向抛掷或定向抛掷。

根据药室标高与抛出岩石堆积场所标高的相对关系，抛掷爆破又分上向、平向、下向几种。

根据药室几何形状和尺寸，抛掷爆破的药包有集中药包和条形药包两种。最常采用的是集中药包，其药室长与宽之比不大于 4∶1。

抛掷爆破几乎全部采用加强抛掷。标准抛掷和减弱抛掷仅用于加强松动。

抛掷爆破作用指数 $n=r/W$，是抛掷爆破一个重要参数。抛掷作用指数与抛掷率 E 之间的经验关系为：

$$n=\frac{E}{55}$$

爆破石质岩石，一般取 $n=1.5\sim2.5$；爆破非石质岩石，一般取 $n=1.5\sim3.5$ 。经验表明，炸药消耗量最小而又能达到较大可见深度的最佳抛掷作用指数如表 3-10 所示。

表 3-10　最佳抛掷作用指数

岩石名称	n	岩石名称	n
砂质碎石及松石土壤	1.8	半松半坚固的石质土壤	1.9
黏土及黏质砂土	1.85	岩石及最坚固的石质土壤	2.0

抛掷漏斗的可见深度 P 决定于抛掷作用指数和最小抵抗线，其经验关系为：

$$P=0.5nW$$

药包在挖方横断面上的位置及其最小抵抗线一般用作图法来确定。确定药包位置时，需要考虑爆破后对保留岩体的破坏作用。对保留岩体的破坏深度，一般按药包爆炸形成的压碎圈半径来确定。若药包为集中药包形成的压碎圈可视为球体。试验证明，单位质量炸药形成压碎圈的体积为常数，只决定于爆破岩石的性质和炸药类型，与药量大小无关，通常将它称作扩底系数，可通过小药量试验来确定。

在土质松石地带开挖公路或铁路路堑时，药包宜布置在路基设计标高线以上，在坚石地带，宜布置在设计标高面上或其下方。

在无横坡的路堑横断面上，如图 3-20 所示。若 nW 值接近于路堑设计上宽一半时；只需沿挖方中心线布置一排药包，若小于路堑设计上宽一半时，对称挖方中心线布置两排药包，每排药包间距 a 和各排药包排距 b，按以下式计算：

$$a=b=0.5W(n+1)$$

式中　W——最小抵抗线；

　　n——抛掷爆破作用指数。

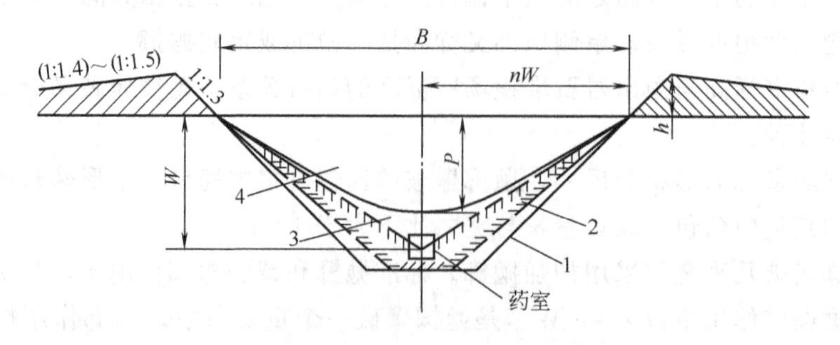

图 3-20　在无横坡的路堑横断面上的药包布置

1—路堑设计断面；2—松动锥；3—抛掷漏斗；4—可见漏斗

B—路堑设计上宽；P—可见深度

布置药包时，需要调整 n 值，以满足挖方断面的要求，并尽可能布置一排药包。如果 n 值过大，可布置两排药包。

在陡坡或峭壁地区开挖路堑，可分层布置药包，如图 3-21 所示。下部药包只需将岩石抛下边坡，一般取抛掷作用指数 $n=1\sim1.5$；上部药包需将岩石抛出一定距离，避免塌落在路堑范围之内，所以应加强抛掷作用，一般取 $n=2\sim2.5$。

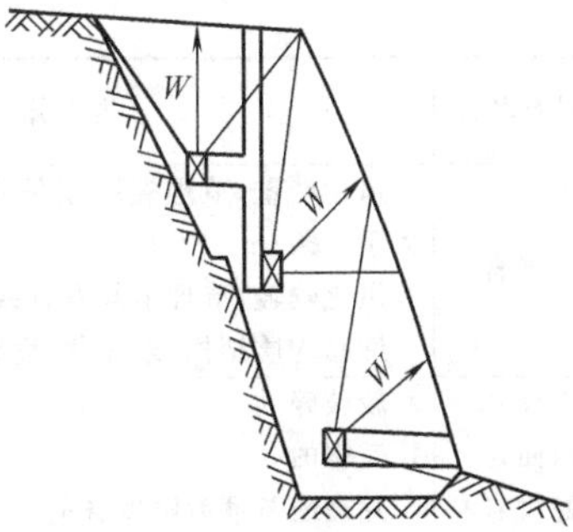

图 3-21　在陡坡或峭壁地区开挖路堑的药包布置

药包布置好后，计算各药包药量。在爆破工程中，集中抛掷药包量常用鲍列斯柯夫公式计算，即：

$$m=qW^3f(n)$$

式中　q——形成标准抛掷漏斗（$n=1$）的单位耗药量，见表 3-11；

$f(n)$——抛掷作用指数的函数。

表 3-11　硐室爆破的单位耗药量（2 号岩石炸药）

岩石名称	岩体特征	岩石坚固性系数 f	标准抛掷/(kg/m³)	标准松动/(kg/m³)
各种土	松软的	<1.0	1.0～1.1	0.3～0.4
	坚实的	1～2	1.1～1.2	0.4～0.5
土夹石	密实的	1～4	1.2～1.4	0.4～0.6
页岩、千枚岩	风化破碎	2～4	1.0～1.2	0.4～0.5
	完整、风化轻微	4～6	1.2～1.3	0.5～0.6
板岩、泥灰岩	泥质、薄层，层面张开、较破碎	3～5	1.1～1.3	0.4～0.6
	较完整，层面闭合	5～8	1.2～1.4	0.5～0.7
砂岩	泥质胶结，中薄层或风化破碎者	4～6	1.0～1.2	0.4～0.5
	钙质胶结，中厚层，中细粒结构，裂隙不甚发育	7～8	1.3～1.4	0.5～0.6
	硅质胶结，石英质砂岩，厚层，裂隙不发育，未风化	9～14	1.4～1.7	0.6～0.7
砾岩	胶结较差，砾石以砂岩或较不坚硬的岩石为主	5～8	1.2～1.4	0.5～0.6
	胶结好，以较坚硬的砾石组成，未风化	9～12	1.5～1.6	0.6～0.7
白云岩、大理岩	节理发育，较疏松破碎，裂隙频率大于 4 条/m	5～8	1.2～1.4	0.5～0.6
	完整、坚实的	9～12	1.5～1.6	0.6～0.7
安山岩、玄武岩	受节理裂隙切割的	7～12	1.3～1.5	0.6～0.7
	完整坚硬致密的	12～20	1.6～2.0	0.7～0.9
辉长岩、辉绿岩	受节理裂隙切割的	8～14	1.4～1.7	0.6～0.7
橄榄岩	很完整很坚硬致密的	14～25	1.8～2.1	0.8～0.9
石灰岩	中薄层，或泥质的，或鲕状、竹叶状结构的及裂隙较发育的	6～8	1.3～1.4	0.5～0.6
	厚层，完整或含硅质，致密的	9～15	1.4～1.7	0.6～0.7

续表

岩石名称	岩体特征	岩石坚固性系数 f	标准抛掷/(kg/m³)	标准松动/(kg/m³)
花岗岩	风化严重,节理裂隙很发育,多组节理交割,裂隙频率大于5条/m	4～6	1.1～1.3	0.4～0.6
	风化较轻,节理不甚发育或未风化的伟晶粗晶结构的	7～12	1.3～1.6	0.6～0.7
	细晶均质结构,未风化,完整致密岩体	12～20	1.6～1.8	0.7～0.8
流纹岩	较破碎的	6～8	1.2～1.4	0.5～0.7
粗面岩	完整的	9～12	1.5～1.7	0.7～0.8
蛇纹岩	片理或节理裂隙发育的	5～8	1.2～1.4	0.5～0.7
片麻岩	完整坚硬的	9～14	1.5～1.7	0.7～0.8
正长岩	较风化,整体性较差的	8～12	1.3～1.5	0.5～0.7
闪长岩	未风化,完整致密的	12～18	1.6～1.8	0.7～0.8
石英岩	风化破碎,裂隙频率>5条/m	5～7	1.1～1.3	0.5～0.6
	中等坚硬,较完整的	8～14	1.4～1.6	0.6～0.7
	很坚硬完整致密的	14～20	1.7～2.0	0.7～0.9

上式适用于 $W \leqslant 25$m。若 $W > 25$m，则需考虑重力影响进行修正。修正后的公式为：

$$m = qW^3 f(n)\sqrt{\frac{W}{25}}$$

在斜坡地面，计算抛掷药包量的修正公式为：

$$m = qW^3 f(n)\sqrt{\frac{W\cos\theta}{25}}$$

其中 θ 为坡角。当 $W\cos\theta < 25$m 时，不进行修正。

当 $W > 200$m 时，集中抛掷药包量按下式计算：

$$m = \frac{q}{50}W^4\left(\frac{1+n^2}{2}\right)^2$$

不同的炸药具有不同的爆炸威力，各种炸药的用量换算系数如表 3-12 所示。

表 3-12　各种炸药的用量换算系数

炸药名称	乳化炸药	梯恩梯	水胶炸药	2号铵梯炸药	铵油炸药	浆状炸药
换算系数	0.8～0.9	0.86	0.83～0.9	1	1.0～1.2	1.1～1.3

当两侧山坡较陡，并要求两侧抛掷作用指数相同时，若两侧山坡岩在山脊地形进行抛掷爆破时，药包按下列原则布置。

① 岩性一样，可布置一排药包，使其两侧最小抵抗线相等，如图 3-22 (a) 所示。

② 当山坡坡度较缓时，在山脊下布置一个药包并在其两侧布置辅助药包，如图 3-22 (b) 所示，或对称山脊布置两排药包，两排药包的抛掷作用指数可以相等，也可以不等，如图 3-22 (c) 所示。

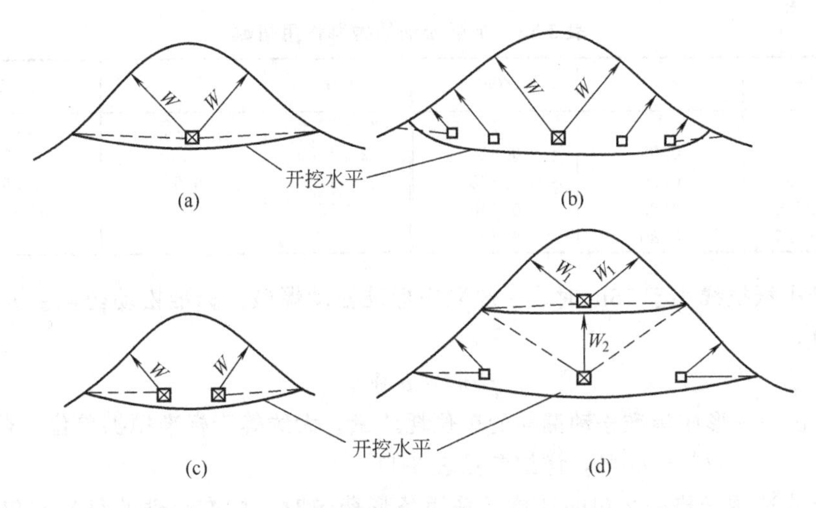

图 3-22　山脊地形抛掷爆破的药包布置

③ 山坡较陡，开挖标高较低时，可分层布置药包，分层起爆，如图 3-22(d) 所示。分层起爆时，延期间隔时间应小于上层抛出岩石的回落时间（包括上升和下降时间）。

利用条形药包进行抛掷爆破时，如图 3-23 所示，每米药包量 m_L 按下式计算：

$$m_L = 1.29W^2(n^2 - n + 1)$$

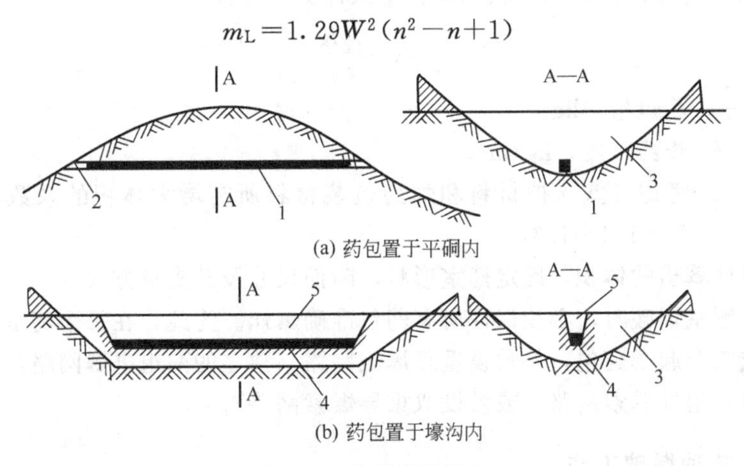

图 3-23　条形抛掷药包

1—平硐内药包；2—平硐；3—爆破形成的堑沟；4—壕沟内药包；5—壕沟

硐室松动爆破与抛掷爆破的目的不同，只要求将岩石破碎成所要求的块度，并尽可能减少岩石的抛掷。松动爆破有标准松动和加强松动两种。加强松动即减弱抛掷，按抛掷爆破的原则计算爆破参数，但为防止造成大量抛掷，抛掷作用指数须根据最小抵抗线来确定，详细参见表 3-13。

表 3-13 加强松动的抛掷作用指数

W/m	n	$f(n)$	W/m	n	$f(n)$
>35	1	1	25～22.5	0.75	0.633
35～32.5	0.95	0.914	22.5～20	0.7	0.606
32.5～30	0.90	0.838	20～17.5	0.65	0.564
30～27.5	0.85	0.768	<15		0.33～0.40
27.5～25	0.80	0.707			

最小抵抗线小于 15m 时，一般采用标准松动爆破。标准松动药包量 m' 按下式计算：

$$m'=q'W^3$$

式中 q'——形成标准松动漏斗的单位耗药量，大约等于标准抛掷单位耗药量的 33%～40%，详细参见表 3-11。

上式适用于集中药包的计算。采用条形药包时，标准松动的每米药包量 m'_L 可近似按下式计算：

$$m'_L=q'W^2$$

在进行硐室爆破前，先完成开挖立井或平硐、平巷、药室等准备工作。由于平硐的优点较立井多，在地理条件允许情况下，应尽可能采用平硐。平硐高度一般不超过 1.8m，宽取 1.1～1.3m。通向药室的平巷，其断面小于平硐，一般为 1.5m×0.8m。药室体积 V_k 根据药包量来计算，即：

$$V_k=\frac{mK}{\rho_0}$$

式中 m——药包量，kg；

ρ_0——炸药密度，kg/m^3；

K——考虑药室支护材料和炸药包装材料所需增大体积的系数，通常取 $K=1.1～1.3$。

根据计算出的体积，确定药室形状，断面尺寸及其支护方式。

进行硐室爆破时，必须保证所有药包准确爆炸。为此，在每个药室内一般安放两个或三个起爆药包，并敷设重复爆破网路（独立的两组电爆网路，或一组电爆网路与一组导爆索网路，或敷设双重导爆索网路）。

四、特种爆破工作

1. 炸建筑物

用爆破法拆毁旧建筑物是一种迅速、可靠、安全、经济的方法。爆破时，按一定顺序破坏建筑的主要结构支承，并靠重力使建筑物按规定方向坍塌到预定地点，或使其向内折叠摞起。

用爆破法拆毁旧建筑物时，应遵守以下要求。

① 砖木结构建筑物，应先拆除木制构件（屋架，椽木、楼板、隔板、门窗框架等）。

② 按顺序炸毁建筑物的主要结构支撑，使其失去平衡，靠重力坍塌。

炸毁墙壁的炮眼须从屋内墙壁上打入，如图 3-24 所示。根据墙壁厚度，布置两排或三排炮眼，每排炮眼严格位于同一水平上。最低一排炮眼离地面不小于 0.5m，炮眼直径不小于 28mm，炮眼深度取 2/3 墙厚。在墙角处打入炮眼时，墙壁厚度沿炮眼方向测量。

炮眼间距 a 按下式确定：

$$a=0.7\sqrt{\frac{p}{q}}$$

式中　p——每米炮眼的装药量，kg/m；

　　　q——单位耗药量，kg/m^3，炸毁墙壁和圆柱的单位耗药量见表 3-14。

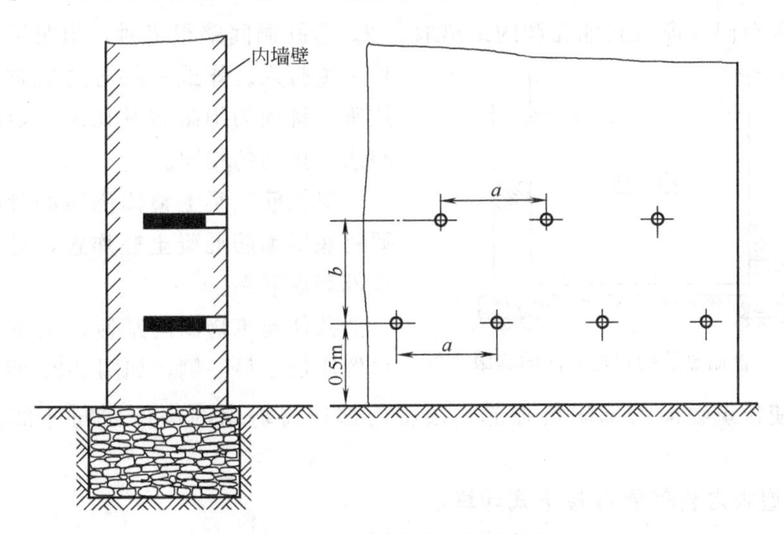

图 3-24　炸毁墙壁的炮眼布置

表 3-14　炸毁墙壁和圆柱的单位耗药量

墙壁厚度和圆柱直径/m	单位耗药量/(kg/m^3)(炸药威力:360～380mL)			
	灰浆砌的砖砌体	水泥砂浆砌的砖砌体	毛石混凝土	钢筋混凝土
炸　墙　壁				
0.45	1.8	2.0	2.1	2.2
0.5	1.6	1.8	1.9	2.0
0.6	1.3	1.5	1.6	1.8
0.7	1.2	1.3	1.5	1.6
0.75	1.1	1.2	1.3	1.4
0.8	0.9	0.9	1.1	1.3
0.9	0.8	0.9	1.0	1.2
1.0～1.2	0.7	0.8	0.9	1.1

续表

墙壁厚度和圆柱直径/m	单位耗药量/(kg/m³)(炸药威力:360～380mL)			
	灰浆砌的砖砌体	水泥砂浆砌的砖砌体	毛石混凝土	钢筋混凝土
炸 墙 壁				
1.3～1.5	0.6	0.7	0.8	0.9
1.6～1.7	0.55	0.6	0.7	0.8
1.8～1.9	0.45	0.5	0.5	0.7
炸 圆 柱				
2.0～2.5	0.7	0.8	0.85	0.9
2.7～3.0	0.6	0.7	0.8	0.85
3.2～4.0	0.55	0.6	0.7	0.7
4.2～5.0	0.5	0.5	0.6	0.65

上下炮眼按等边三角形排列，并使所有炮眼间距离相等。因此，排距 b 为：

$$b=0.87a$$

炮眼至门、窗或其他孔洞的距离取 $a/2$。若孔洞间壁很窄时，炮眼可以从孔口一侧打入。炸毁一部分建筑物时，先用垂直排列的炮眼将其切断，炮眼间距与水平排列的相同。

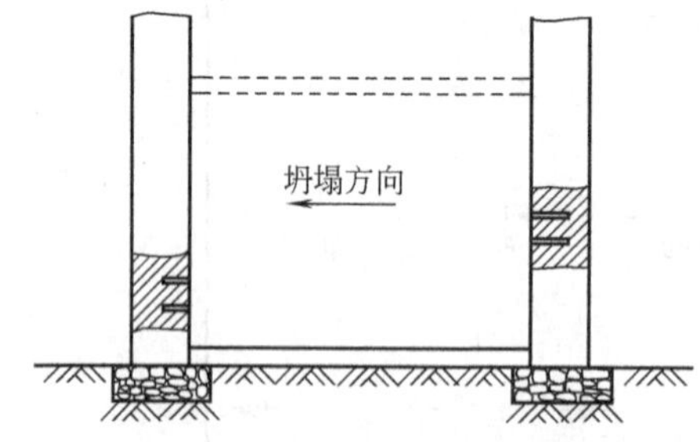

图 3-25 控制建筑物坍塌方向的炮眼布置

对钢筋混凝土整体浇灌的骨架，只要将底层钢筋混凝土柱炸毁，骨架就会全部坍塌下来。

欲使建筑物倒向某侧，该侧的炮眼位置应低于另一侧，如图 3-25 所示。

欲使建筑物向内部坍塌摞起，须将内部妨碍坍塌的构件先同外部构件炸分离。

③ 炮眼内装药量 m 按下式计算：

$$m=0.5hp$$

式中 h——墙壁或骨架混凝土柱的厚度，m；

p——每米炮眼装药量，kg/m。

装药后，炮眼用炮泥封堵。

④ 为防止爆破震动造成的危害，必须限制一次允许起爆的最大药量 $m_{\max}$。该药量可按下式计算：

$$m_{\max}=r^3\left(\frac{v}{K}\right)^{\frac{3}{a}}$$

式中 r——自爆炸中心算起至保护建筑物的距离，m；

K——决定于爆炸地震波传播介质性质的参数，经土壤传播 $K=200$，经岩

石传播 $K=30\sim70$；

a——爆炸地震波衰减指数，远距离时 $a=2$，近距离时 $a=1.5$；

v——按保护建筑物所要求的安全程度确定的震动速度，详见表 3-15 所示。

表 3-15　震动速度和建筑物的安全状况

震动速度/(cm/s)	建筑物的安全状况
≤5	保证建筑物安全
12	房屋墙壁抹灰开裂、掉落
20	斜坡上巨石滚落，地面出现细小裂缝，一般房屋被破坏
50	松软岩石表面出现裂缝，干砌片石移动，建筑物房屋被破坏严重
150	岩石崩裂，地形有明显变化，建筑物全部破坏

⑤ 所有炮眼采用电雷管或导爆索起爆。电雷管起爆容易产生瞎炮，使雷管落入坍塌物内，清理时可能发生事故。导爆索起爆会产生较强的空气冲击波和较大的爆声，必须采取适当防护措施。

⑥ 对坍塌地点的地下管道和飞散破碎物造成的危害应采取安全防护措施。为防止砸坏地下管道，可采用缓冲垫，如图 3-26 所示。缓冲垫由两堆砂石（高 1m）做支撑，其上铺设两层圆木或金属梁。为防止飞散破碎物损坏附近建筑、设备、电线和伤害人员，可采用挡板或竹笆等遮挡飞散物，如图 3-27 所示。

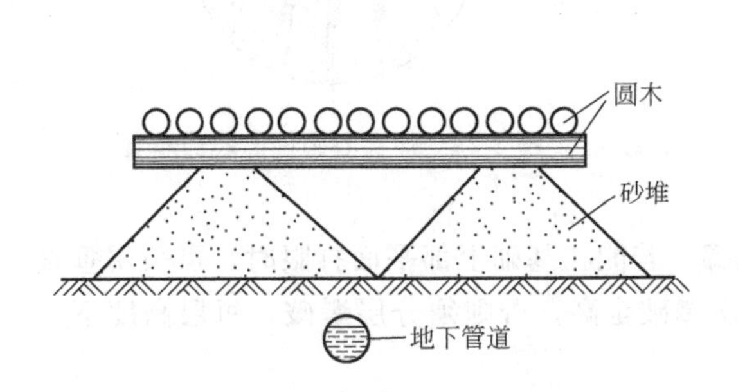

图 3-26　保护地下管道的缓冲垫

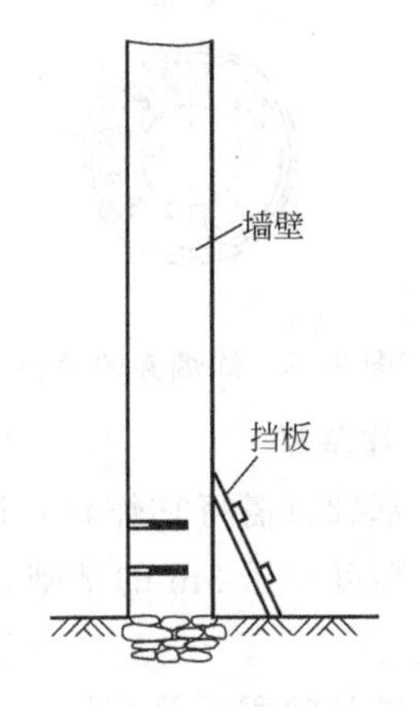

图 3-27　防止破碎物飞散用挡板

⑦ 严格确定警戒区，并设置警戒哨。

2. 炸烟囱和圆柱

炸烟囱（或炸空心圆柱、水塔等），可采用炮眼或人工开挖的药洞装药。炮眼或药洞深度等于 2/3 壁厚。通常布置两排或三排装药。最低排装药距地面不小于 0.5m。最高排装药布置在 2/3 圆角范围内，其他各排装药布置在 3/4 圆周范围内。上下排装药对齐。

烟囱倾倒方向决定于各排中间装药的连线的位置。为保证烟囱按规定方向倾倒，在倾倒方向的背面烟囱壁的 1/3 圆周内，可再布置一排装药，其位置较倾倒方向一侧最高排装药高 0.7～1m，如图 3-28 所示。

爆破参数（装药间距、排距、单位耗药量、炮眼内装药量）计算方法和采取的安全防护措施均与炸墙壁相同。

若烟囱与建筑物相连，则在连接处应垂直布置一排装药，首先将它们炸开。

炸实心圆柱的方法与炸烟囱相类似。若圆柱直径小于 1.5m，可采用小直径炮眼，不然，应采用大直径炮眼（100～150mm）或开挖药洞。装药布置如图 3-29所示。

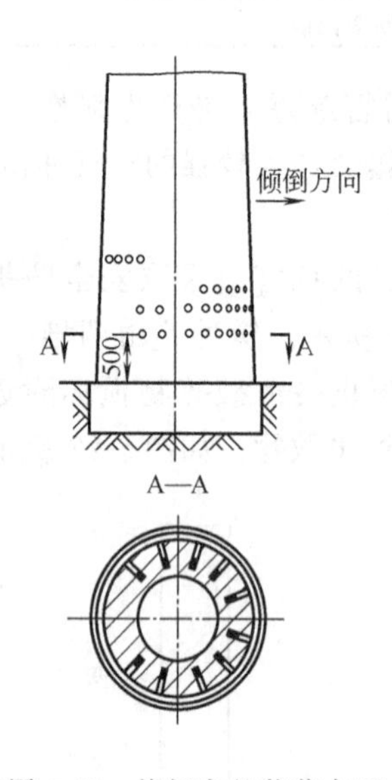

图 3-28　炸烟囱的装药布置

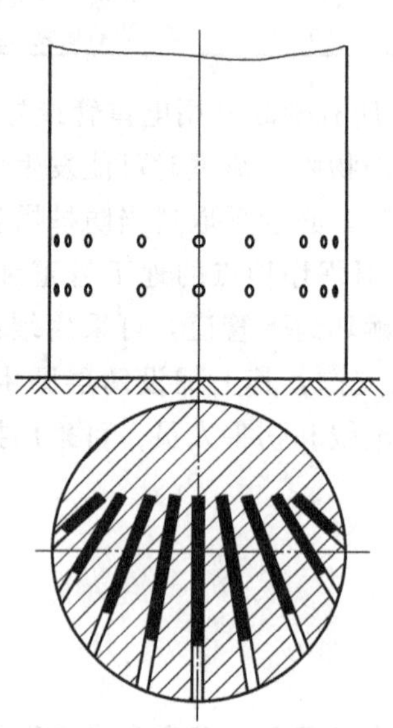

图 3-29　炸实心圆柱的装药布置

3. 炸基础

炸基础只需将它炸碎，避免抛掷。若能在基础上部平面打眼时，可采用垂直炮眼。高度小于 3m 的基础，可一次爆破全高，否则须分层爆破，每层高度不大于 2m。

爆破基础所需总药量 m_T 按下式计算：

$$m_T = Vq$$

式中　V——基础体积，m^3；

　　q——单位耗药量（见表 3-16），kg/m^3。

表 3-16　炸基础的单位耗药量

基础类别	单位耗药量/(kg/m³)	基础类别	单位耗药量/(kg/m³)
灰浆砌砖基础	0.30～0.45	混凝土基础	0.50～0.65
水泥砂浆砌砖基础	0.40～0.55	钢筋混凝土基础	0.6～0.70

采用小直径柱状装药所需炮眼数目 N 为：

$$N=\frac{m_T}{pl_c}=\frac{Vq}{pl_c}$$

式中　p——每米装药的药量，kg；

　　l_c——炮眼内的装药长度，m。

装药长度一般为炮眼深度的 0.52 倍。一次爆破基础全部时，炮眼深度取基础高度的 0.9 倍；分层爆破时，炮眼深度与分层高度相同。

炮眼按方形网格均匀布置，其间距即网格尺寸 a 按下式计算：

$$a=0.67\sqrt{\frac{p}{q}}$$

若基础很高（超过 5m），可采用大直径集中装药。炮孔深度按下式确定：

$$l_b=H-5d_c$$

式中　H——基础高度，m；

　　d_c——装药直径，m。

炮孔仍按方形网格布置，其间距与最小抵抗线 W 相同，并按下式确定：

$$W=a=(25\sim27)d_c$$

炮孔数目 N 为：

$$N=\frac{S}{W^2}$$

式中　S——在其上布置炮孔的基础面积，m^2。

每个炮孔内装药量 m 为：

$$m=\frac{m_T}{N}$$

如果在基础上部端面打垂直炮眼有困难，可采用水平炮眼。此时，须先在基础一边挖一条足够宽（2.0～2.5m）的堑沟，以便打眼。炮眼布置、爆破参数均与垂直炮眼相同，但炮眼深度取沿炮眼方向上基础厚度的 2/3，装药长度为炮眼深度的一半，使各装药中心的连线与基础的垂直中心线相符合。

为防止飞出破碎物伤人或损坏近旁机器和其他物品，可将基础四周挖空，并在顶上及四周用沙袋掩盖，不能搬移的机器和其他物品可用厚 50～100mm 的木板掩盖。

基础旁有锅炉时，爆破前，应将锅炉压力降至 0.1MPa 以下，并用木板掩盖。

为减小爆炸产生的震动，可采用微差爆破，每段起爆的最大药量，按允许震动速度来计算。

爆破一部分基础时，可采用预裂爆破，先将爆破部分与保留部分切割开。预裂炮眼的间距为 0.2m，炮眼深度 $l_b=H-0.15$m，内装 3～4 根导爆索来代替装药。

若只需将基础胀裂开，可使用静态爆破剂或用金属氧化剂（氧化铜、二氧化锰）和金属还原剂（铝粉）按一定比例混合成的高能燃烧剂。装入炮眼后，用速凝砂浆或黄泥等材料封堵。高能燃烧剂用电阻丝或引火头点燃。使用燃烧剂时一次用量不应超过 3kg，并要注意安全。

第五节 爆破操作工艺

一、爆破前的准备工作

（一）炸药、雷管及其他起爆材料的领取

1. 对放炮员的要求

由于爆破工作是一项科学性很强的工作，稍有疏忽就要出现危险事故。因此，放炮员必须要由经过专门训练并由有关部门发给放炮合格证的专职人员来担任。所有的放炮人员（包括运送人员，装药人员）都要熟悉爆破材料的性能，掌握爆破工作的操作规程，以保证安全，防止意外爆炸事故的发生。

以上所述都是放炮员应该掌握的基础知识，如果不知不会，在放炮操作中就势必要违反科学，乱干、蛮干，显然，这样就不可避免地要发生意外事故，使国家财产遭受损失，个人的安全也受到威胁。放炮员对安全工作负有重大责任，既有现场放炮安全方面的责任，又有社会治安方面的义务。因此，从事放炮工作的人员最起码应做到以下所要求的各项工作，才能成为合格的放炮员。

① 政治上要可靠，责任心要强，思想境界要高。

② 要熟悉所使用爆破材料的规格、性能，正确使用方法。

③ 必须有两年以上的采掘工龄，才能参加放炮员培训班的学习，并掌握一定的业务知识。

④ 熟悉作业规程、安全规程、操作规程和爆破说明书的有关规定。

⑤ 严格遵守爆破材料的管理规定。做到实报实销，剩余退库。严禁乱存乱放，更不能把爆破材料用于非生产性的事情上去，如炸鱼、炸兽等。

⑥ 发现爆破材料丢失、短少或被窃等都要立即报告有关上级部门。

2. 放炮员的职责范围

① 根据实际用量和规定品种、数量来领取或加工爆破材料。

② 确定及检查爆破现场的警戒范围和作业信号。

③ 按爆破图表要求进行装药和爆破。

④ 对爆破现场的设备、器材和建筑物进行检查，以免因爆破而引起其他事故。

⑤ 及时标志和处理瞎炮和残药。

⑥ 爆破后要将消耗的各种爆炸物品与剩余的爆炸材料认真核对，并将剩余部分全部交库。

⑦ 宣传安全作业规程，制止违反安全作业规程的行为和现象。

3. 爆破材料的领取要求

放炮员在炸药库领取爆破材料时，必须持有“爆破工作指示单”，该指示单上应注明材料的使用地点，计划用量以及当班任务等并应有段（组）长和生产调度员的签章。放炮员领取各种爆炸材料的数量不能超过“爆破工作指示单”上所载明的数量。

放炮员必须用非金属制的结实的容器（炮兜）来分别装炸药和雷管及其他起爆材料。不准乱扔乱放，尤其不准把炸药、雷管装在衣袋里。炸药和雷管的箱子要上锁，不准交给他人代为看管。

4. 质量检查

放炮员从炸药库按规定的数量和种类领取到炸药和雷管及其他起爆器材后，首先要从外观上进行简单的质量检查。不符合质量要求规定的应立即找管库员更换。

对于炸药，应检查原包装是否完整，硝铵类炸药要检查是否有结块硬化现象。硝化甘油类炸药要检查其外表是否有渗油现象。

对于导火索和导爆索，应检查外观有无损坏，包皮有无裂缝，药芯是否漏出以及有无浸水现象。

对于雷管，应检查外表有无破损、变形。火雷管还应检查管壳顶端内部有无杂物，有杂物可将雷管口朝下，小心用手指轻轻弹出。若杂物弹不出来，此雷管即以废品看待。特别注意，管内杂物禁止用嘴吹或用其他工具掏取。因为嘴吹容易使雷管起爆药受潮，用工具掏取则容易把加强帽碰活动，最后导致瞎火，有时甚至可能掏碰到起爆药引起意外爆炸。

5. 运输和现场存放

放炮员从炸药库把炸药、雷管领出后，运输到爆破现场应遵守下列规定。

① 放炮员领到炸药、雷管和其他爆破材料后，要立即直接运送到爆破现场。一般应采用人力运送，而且严禁中途停留。

② 起爆材料如雷管、导爆索等必须由放炮员自己携带。炸药则可由放炮员自己运送，也可以在放炮员的监督下，由其他人负责运送。但无论由谁运送，数量最多不得超过一箱。中途需要休息时，应远离人群和交通要道。运送途中不得私自转换他人。

③ 必须采用运输工具（汽车、火车、马车等）运送时、要遵守炸药运输的有关规定。

④ 矿山井下炸药、雷管的运送要遵守“煤矿安全规程”的有关规定。即炸药、雷管不得同车、同罐运输。车速和罐笼升降速度不得超过 2m/s，而且除了放炮员可以随车押运以外，其他人员一律不准同车、同罐同行，而且不得同时运送其他物品和工具。除此以外井下严禁用链板运输机、胶带运输机运送炸药。

爆破材料运送到爆破现场以后，应将炸药放置于专用炸药箱，并加锁。放在距工面 30m 以外，人、牲畜不能到达，地势高而放炮员又随时能看得到的安全地点。放炮员应随时察看，不准闲人和牲畜靠近炸药箱。此外，需注意不被雨淋和阳光曝晒。下工时包括午休时间要将炸药、雷管一律交库，不准放在工棚内和工地上。废雷管和失效的炸药也应及时交库，不准私自销毁和乱扔。

矿山井下炸药雷管的临时存放尤其应该严格管理，炸药箱必须加锁，而且要放在顶板良好支架完整可靠的地点，并要避开机械和电气设备，不注意这些，炸药雷管就有被冒落下来的石块砸响的可能，或因接触到有杂散电流的各种物体而发生爆炸的危险。

每次放炮以前，放炮员都要把炸药箱背到装药地点，待装完药后，还要把炸药箱背放到警戒区以外的安全地点，才准放炮。

（二）放炮工具的准备

放炮员必须具备一些必要的放炮工具，并要熟悉这些放炮工具的性能，正确掌握它们使用的方法。

常用的放炮工具有：放炮器、放炮母线，炮棍、掏勺和炮锥等。每次放炮前都要检查这些工具使用的可靠性。

1. 放炮器

放炮器是供给电爆网路起爆电能的工具，也是放炮员的主要工具。

在矿山井下（特别是煤矿井下），目前大多采用防爆型的电容式放炮器。这种放炮器有高强度的防爆外壳，电能的输出有时间限制，在 6ms 之内将足够的电流输送到爆破网路后，而自动停止供电，从而防止了网路炸开瞬间产生的火花放电。因此起到了隔爆作用，也达到了在瓦斯矿井安全使用的目的。这种放炮器具有体积小，质量轻，起爆能力大，使用方便等特点。

露天矿用的放炮器能力较大，一次可起爆数千发雷管，其原理和上述小功率放炮器一样。只是不做防爆处理和通电时限要求。

放炮器产生的瞬间电压较高，但输出电流较小，故一般用于起爆串联网路。

地面的爆破工程起爆时大多采用照明线路和动力线路电源作为起爆电源，但是在使用时，绝对禁止先接上电源，再做敷设电爆网路的工作，也禁止把母线直接挂在照明线路或动力线路上进行爆破。正确的方法是，必须设置刀闸开关，待爆破地点的电爆网路连接完毕，才能将母线和刀闸开关接通。刀闸应该是双道开关系统，这样才能保证电路不发生偶然的闭合，从而避免放炮人员还没有完全离开爆破区时，可能因疏忽而闭合开关所造成的危险。

放炮器由于部件细小，结构严密。往往会因使用、保管和检查不当而造成部件损坏，降低或完全失去起爆能力。所以对放炮器必须做到定期检查，合理使用，认真保管。

放炮员应在每次爆破作业前，在做其他准备工作的同时，首先检查放炮器是否完好。检查的方法是：把放炮器两个输出接线柱用放炮小线连接在一起，造成短路，然后使放炮器充电、起爆。如果接线柱放炮小线处出现火花和声响，则说明放炮器完好。但需指出的是，煤矿中此项检查工作由于出现明火，必须在井上进行。

2. 放炮母线

放炮母线是指连接放炮电源和起爆体中电雷管脚线（或连接线）的一段导体。为了防止漏电、折损和短路，放炮母线应注意选用电阻小，绝缘良好及柔软性强的导线。放炮母线一般由放炮员随身携带，在每次放炮前由放炮地点敷设到起爆地点。因此在每次使用前都要认真检查，并做好下面几件事。

① 放炮母线要有足够的长度，必须超过规定的躲炮距离。如果放炮母线短于规定的躲炮距离，那么放炮员就要在警戒线以内的危险地点实施放炮操作，这样就有可能被飞起的石块碰伤。当然放炮母线也不要太长，否则会造成电能在母线上的过多消耗而影响正常起爆。

② 放炮母线在敷设时应尽可能加以悬挂，以保证不与其他物体接触。即使在无法悬挂的地方敷设放炮母线，也绝对不能接触金属物体，或放在淋水下面和积水潮湿的地方，更不准与电缆悬挂在一起，或从电气设备上方通过，以避免杂散电流引起意外爆炸事故的发生。

③ 母线接头不宜过多，每个接头要刮净锈垢接牢，并用绝缘胶布包好，两股母线的接头要错开、以防漏电。

④ 不准使用裸线。

⑤ 放炮母线使用完后要立即收集起来，并接好缠绕在线板上，存放在干燥地点，每次使用之前要做导通试验。

3. 炮棍

为了使炸药能顺利连续的装入炮眼，必须选用比炮眼直径稍小的木棍把炸药慢慢推送进炮眼中，此工具称为炮棍。

炮棍必须是木质或竹质的，长度要适中，但要稍大于炮眼的深度。严禁用铁质钎杆充当炮棍使用，因为铁质的炮棍在装填过程中，一旦碰到雷管，则有可能把雷管碰响，造成事故；也有可能把雷管脚线碰断，或把脚线塑料包皮碰破，造成断路或短路，无法起爆。因此炮棍一定要是木质和竹质的。

4. 掏勺、炮锥和其他工具

掏勺是为了掏出炮眼内的岩粉或煤粉，这些岩粉或煤粉往往使装入炮眼内的药卷彼此间不能靠紧，或使药卷根本装不到眼底，这样就影响了炸药传爆，使炸药爆炸能量不能充分发挥，最终导致半爆，甚至拒爆而留下残眼。因此，这些岩粉、煤粉留在炮眼内是有害的，必须在装药前把它们掏出来。

制作引药时，为了使雷管能安全地放在药卷里，需用一直径略大于雷管直径的尖头木棒或竹棒，先在药卷顶端扎一个小孔，此木棒称炮锥。炮锥决不能用铁钉或其他铁制品代替。

另外，点燃和切割导火索、导爆索时还需用小刀、火柴和发出放炮信号的哨子等。

上述的器具都是放炮员在放炮前应该准备好的放炮工具。根据不同的工作条件，选用其中若干种，决不能事先不认真准备，需用时随意代替和乱用。

（三）起爆药包的装配

把从炸药库中领出的炸药、雷管和其他起爆材料运送到使用地点后，放炮员除了对放炮工具进行必要的检查和准备以外，应立即进行起爆药包的装配工作——制作引药。也就是常说的制作“炮头”。

制作引药就是把雷管、导火索或导爆索按规定装进药卷，此时的药卷称作起爆药包。

按不同的爆破种类，起爆药包的装配方法有以下几种。

1. 炮眼法使用的起爆药包的装配

炮眼法爆破是目前使用最多的破岩方法，无论是矿山井下、地面的开山取石、还是某些特种控制爆破，当前绝大部分使用的是这种方法。

使用电雷管起爆，通常采用的引药装配方法有以下两种。

（1）扎孔装配　其做法是：用炮锥在药卷平头的封口端扎一小孔，将雷管全置于所扎的小孔内，然后用雷管脚线缠好并固定。

（2）开药卷封口装配　其做法是：将药卷平头一端封口打开，用炮锥扎孔，然后把雷管全部置于所扎的孔中，用雷管脚线缠绕固定，并将封口扎住。

在现场，装配引药的操作中，有一些装配引药的习惯做法是不正确的。例如，在药卷一侧扎孔或将雷管硬插进药卷一侧；也有将雷管直接绑在药卷之外；或者不用脚线缠绕药卷以固定雷管；还有的甚至错误地把雷管装入药卷有窝心的一端等。用这些不正确的方法所制成的引药都不利于正常地引爆炸药，属于错误的引药装配方法。

用电雷管装配引药时的注意事项如下。

① 装配引药的工作应在放炮地点附近进行，装配的数量以满足当时爆破需

要为准，不允许做预备储存。

② 装配引药时应在避开电气设备和导电物体的安全地点进行。矿山井下，应注意选在顶板良好，支架完整的安全地点进行引药的装配工作。此外，还不能坐在炸药箱上装配引药。

③ 装配引药时，要严防雷管受振动冲击以及折断雷管脚线或损坏绝缘层。

④ 从整捆的雷管中抽取单个雷管时，不能生拉硬拽，尤其不能手持管体硬拽。正确的做法是：把整束的雷管脚线顺好，拉住管体前端脚线，将其抽出。这样做是因为中国当前生产的电雷管引火元件多数是用硫磺和塑料塞与装了起爆药的管体固定在一起的，这种固接方式能承受的拉力很小，在使用中，如果抓住雷管管体硬拽脚线，容易造成封口塞松动，致使桥丝断损或引火帽脱落，导致雷管瞎火。更加危险的是桥丝和引火药头部是插在雷管的起爆药中，而引火药头和起爆药摩擦感度很高，一旦拉动引火元件，有可能使上述的敏感药剂和管体内壁强烈摩擦而发火，万一发生这种情况，雷管就会在手中爆炸，造成人身事故。

⑤ 装配好的引药，必须将雷管两根脚线末端扭结，使其短路，以免杂散电流把雷管意外引爆。

应用火雷管起爆时，起爆药包的装配和电雷管装配起爆药包操作的方法相仿。

首先要把导火索与火雷管装配连接在一起（露天爆破中把装好导火索的火雷管称为引火管）。引火管的装配，必须在专用的房间或指定的地点进行，绝对不准在炸药的保管室或住宅区附近装配。引火管装配的正确与否，直接关系到起爆效果的好坏，一般应按下面的步骤和方法进行。

① 装配前首先检查火雷管和导火索的质量是否合格。

② 按需要的长度用锋利的刀切断导火索，切取的长度要根据导火索的燃速和人员转移到安全地点的时间来决定，还要便于在炮孔外点燃。一般情况下，切取的长度最短不小于 1.4m（常用的导火索燃速约为 100～125m/s）。

③ 为保证点燃和引燃，先将每盘导火索两端头的可能受潮部分切去 5cm。

④ 导火索插入雷管的一端，应与雷管的加强帽接触严密，才能保证引爆，因此要用锋利的快刀垂直导火索切平。为了增加导火索的点燃端药芯裸露面，以便于点燃，要切成斜口。

⑤ 导火索平口一端插入雷管空腔时，要轻轻的平着推入，并要接触到加强帽，不能用猛力或转动着插进去，以防因冲击和摩擦雷管起爆药而引起意外爆炸事故。

⑥ 导火索插入雷管后，可用胶布或细绳把导火索和雷管缠绑牢固。如果使用的是金属管壳的火雷管，则导火索插入雷管以后，只准用紧口钳或紧口器来夹紧火雷管的管口边缘。

2. 深孔法使用的导爆索起爆药包的装配

矿山露天采场的阶段爆破中，多采用深孔法爆破。

深孔法爆破的起爆药包不同于一般的炮眼法爆破法使用的起爆药包，一般情况下，深孔法爆破起爆药包不再使用雷管起爆，这是因为孔深，装药长度大，若仍用雷管做起爆药包的单点起爆，会产生管道效应，这样就很难把炮眼内全部装药都引爆。如果采用雷管多点起爆，管理工作复杂，网路连接起来也困难，漏了炮还不易察觉，给安全带来很大隐患。因此，在这种情况下，大多采用导爆索起爆药包起爆，即沿炮眼全长铺设导爆索，当导爆索由雷管引爆后，炮眼内的全部装药则由于导爆索的起爆而同时爆炸。

导爆索与药卷的连接是将导爆索一端结成活扣，然后用此扣把药卷套住送入炮眼内，也可以打开药卷，将打成结的导爆索端插入药卷并用绳扎紧送入炮眼。

对上述导爆索的使用和操作应该注意如下事项。

① 导爆索必须用锐利的刀子切割，严禁用锯子锯或用钳子掐，也不可以用石头砸、剪刀剪。

② 使用的导爆索必须是良好的。对表面变色、松散破损和粗细异常的部分必须切除。

③ 导爆索要防止曝晒，因为曝晒后的导爆索其防水沥青层会熔化并能渗进药芯，降低了药芯的爆炸感度，致使导爆索爆速降低或拒爆。

3. 硐室法爆破起爆体的装配

在较大规模的土石方工程所采用的大爆破中，一次起爆的药量多到几百吨，有时甚至上千吨，这样规模的爆破，使用普通的钻眼法、深孔法等，已经远远不能满足工程的需要了。目前，经常采用的是集中装药的硐室爆破方法，也称大爆破法。

大爆破由于装药量大，起爆药包——在大爆破中通常称为起爆体，需要单独设计。

设计起爆体时，一般有下列要求。

① 为了装配和搬运的方便，单个起爆体的质量以 20～25kg 为宜。

② 在指定的地点预先把起爆体做好，再由放炮员放到药室内设计的位置上。

③ 起爆体的外壳一般用 0.26m×0.25m×0.5m 的木箱制成，要求其要有一定的牢固性，为了安全，箱上面的盖子要做成能活动的抽拉滑槽，决不能用铁钉钉死。

④ 如果用导爆索起爆时，要把几根导爆索绑扎在一起再装入起爆箱内，做成这样的线束形式是为了增强其起爆能量。用雷管起爆时，雷管也要捆扎成组。无论是导爆索束，还是雷管束，都要用炮线或胶布缠绕牢实。

⑤ 从导爆索束或雷管捆上引出与导爆网路或电爆网路的传爆线或连接电线，

在穿出起爆箱的中心孔时，都需要在起爆箱上缠绕一周，这样当导爆索和电线受到拉动时不致从起爆箱中把导爆索束和雷管捆拉出或拉坏而造成拒爆。

在有地下水的药室内起爆箱中还要有良好的防水和隔水层。

硐室法爆破对起爆体的个数没有明确规定，一般起爆炸药在5t以下时，设置一个，以后起爆药量每增加5t，就随之增加一个起爆体，但最多的起爆体个数不宜超过10个。

无论是哪种方法装配的起爆药包，在加工完毕以后都应该立刻使用，如果因某些临时的原因，不能立即使用的，需要放入特制炸药箱内，用锁锁好，存放在指定的地点。该地点应该是远离人群和机械设备的安全地方，还需要注意不要被雨淋、日晒，同时要便于放炮员随时能看得见。硐室法使用的起爆体，从装配到使用这一段时间里，必须派专人看守。

（四）施工场地放炮前的准备工作

当加工完所需使用数量的起爆药包，以及准备好必要的放炮工具后，为了缩短装药时间保证爆破效果，达到安全作业的目的，装药前还要对施工现场做以下的准备和处理。

1. 爆破现场设备的掩护

在装药前，要清理爆破现场内的一切障碍物，并在有可能进入现场的通道上布设警戒标志，以示无关人员不能进入。此时要通知爆破区域内的有关人员，将机车、钻机等有关机械设备移到规定的安全地点，对于一些不能移动的固定设备，如变压器、水泵等也要用废旧坑木进行必要的掩护，以免被崩落的岩石砸坏。

2. 起爆电源和开关的检查

电力起爆要检查电源是否有电，两个刀闸是否灵活，并将其打开，有条件的地方还要测量出电压，以便决定每次起爆的雷管数，同时测定爆破网路的电阻。若用放炮器起爆时，则应检查放炮器有无故障，电力是否充足；如果是用导火索起爆时，则要检查点燃导火索的工具是否可靠，并根据起爆炮眼的数目和位置，预先选定点燃路线，按选用的点燃路线实际演习一次，以确定点燃时间和导火索长度是否相适应。

3. 布置警戒

在装药前首先要决定放炮地点和安全躲炮距离。放炮地点要选择在隐蔽可靠，飞石崩不到的绝对安全地点。矿山井下选择放炮地点时，首先要考虑选在躲避硐或者拐弯的巷道里，如果巷道无拐弯时，直线的躲炮距离一般不得小于100m，无论放炮地点选择在哪里，都要考虑到躲炮地点顶板不会因放炮震动而使浮石落下伤人。躲炮地点的支护应该完好无损，没有腐蚀震落的危险。

在各个能通行到放炮地点的通道上，都要设置警戒岗哨，禁止无关人员进入。担任警戒岗哨工作的人员在警戒期间，不得做其他任何工作，没有放炮员的通知不能任意撤离。在实际工作中经常发生无关人员误入放炮区而被崩伤甚至炸死的事情，究其原因，其中很大比例是因为没放完炮而警戒人员误认为炮已经放完，使人员进入爆破现场而造成的。只有放炮员最了解放炮工作是否完毕，所以，警戒人员必须在得到放炮员的亲自通知后，方能撤离警戒岗位。

影响到其他单位的大爆破，装药前要通知有关单位做好撤离人员和其他的预防工作。

特别指出的是，对于煤矿井下装药前还要做好下面两项检查工作。

(1) 对放炮地点进行顶板和支架稳定性的检查　发现不符合安全要求的地方要及时处理和做必要的加固，对顶板破碎的地点要用坑木刹严背实，以防由于放炮震动，或爆炸冲击波的作用，使支架倒塌而造成顶板不必要的垮落。因此，只有在顶板和支架都处理完好，稳定可靠的条件下才准装药放炮。

如果爆破地点空顶（没有支架称空顶）的距离超过作业规程的规定，以及煤壁有伞檐的，也不准装药放炮。

另外，巷道里有煤或矸石堆、矿车以及其他杂物，使巷道的断面堵塞1/3以上时，也不准装药放炮。因为杂物既妨碍放炮操作，又妨碍通风排烟，而且遇到意外事故也不容易躲避，所以一定要先把上述杂物清除干净，才能进行装药放炮。

煤眼内有水流出、煤壁发潮、有水珠（俗称挂汗），巷道里发冷等，都是可能透水的征兆。炮眼内很热，甚至冒气，流热水等，则可能是前面要碰到火区。炮眼内有瓦斯大量涌出，煤壁变得松散等，这是有可能发生瓦斯涌出的信号。遇到上述情况，应立即停止装药放炮，必须把异常现象原因查清楚，并立即进行必要的处理后，才能继续进行放炮工作。

(2) 通风设施和瓦斯浓度的检查　在放炮过程中，要产生大量的有毒有害气体，这些气体是依靠从井上供应的新鲜空气把它们稀释到规定的安全浓度以下，这样在爆破现场作业的人们才能保证身体健康和安全。井下的通风设施就是保障把新鲜空气按需要的数量和设计的路线输送到人员工作的地点。因此通风设施必须是完好无损的，故在装药前一定要对有关的通风设施进行必要的检查。

一般应该检查：风筒是否破损漏风；接头是不是严密，以及风筒口到爆破地点的距离是不是超过最大距离的规定；风机是否有循环风，有关的风门是否关严等。不符合要求的需立即处理，只有都满足了规程的规定时，才准装药放炮。

瓦斯爆炸是煤矿井下重大的自然灾害之一。瓦斯本身是一种无嗅、无味、无色，比空气轻而透明的气体，它和空气按一定的比例混合以后遇火则具有很大的爆炸性。混合气体中瓦斯含量在5%～16%时就可发生上述现象，其中以9.5%时爆炸威力最大，超过16%时虽不再爆炸，但可以使人中毒窒息最后导致死亡。井下一旦发生瓦斯爆炸事故，矿井就要受到毁灭性的破坏。

因此必须对瓦斯进行严格认真的管理，管理瓦斯有三个原则，即防止集聚、加强通风、杜绝火源。

瓦斯浓度只有在一定的范围以内才能发生爆炸，低于或高出这个界限就失去了爆炸性。因此首先要防止瓦斯集聚起来达到上述爆炸界限，其次要加强通风，这样可以使一旦因管理漏洞而集聚起来的瓦斯，用加强通风的办法稀释到规定的安全浓度以下。另外，即使瓦斯浓度达到爆炸界限只要没有火源也不会发生爆炸事故，所以要千方百计杜绝井下的一切火源，因此只要把好这三道关口，瓦斯爆炸事故是完全可以避免的。

如果放炮过程中需多次放炮，那么每次放炮前都需要检查瓦斯。这是因为瓦斯原来是以游离状态吸附在煤里和煤层附近的岩石中，并且呈平衡状态，由于放炮的震动和产生裂隙，破坏了原有的平衡，使大量瓦斯释放出来，再加之放炮时如果产生明火（虽然煤矿安全炸药对爆温和火焰持续时间做了严格的限制，但由于质量、保管和操作上的原因，仍不可避免地还会出现明火），这就初步具备了瓦斯爆炸的基本条件。此时瓦斯浓度如果达到爆炸界限，就很容易引起爆炸事故。因此，在每次放炮前都需要认真检查瓦斯浓度。大量实践表明：井下的瓦斯爆炸事故相当一部分是由于放炮而引起的，所以在有瓦斯的爆破地点进行作业时，除了对爆破材料的品种和使用方法有严格的限制以外，还要在装药放炮前认真检查瓦斯浓度。《煤矿安全规程》规定：“放炮地点附近 20m 以内风流中瓦斯含量达到 1%时，不准装药放炮”。因此，只有在加强通风，把瓦斯含量降到 1%以下，才能进行爆破工作。

因为瓦斯比空气轻，故经常聚存在巷道顶部及冒高部分，取样时，一定要注意抽取巷道最高处的空气来检测，否则检查出来的结果是不准确的。

二、连线与放炮

（一）炮眼的装填

放炮前的准备工作全部进行完毕以后，就可以开始炮眼的装填工作。

1. 炮眼装药结构

装药结构目前主要分为正向装药结构和反向装药结构两种，按这两种装药结构进行爆破分别称为正向爆破和反向爆破。

正向爆破和反向爆破的区别，主要取决于爆轰波在炮眼内的运动方向，而爆轰波的运动方向则是由雷管的方向和位置所决定。因此引药位置确定后，眼内爆轰波的运动方向冲向孔底的称为正向爆破，反之，爆轰波的运动方向冲向眼口的则称为反向爆破。

从充分发挥炸药能量的观点出发，反向爆破比正向爆破优越，这是因为岩石的抵抗是沿炮眼口往眼底方向逐渐增加的，因此炮眼底的岩石抵抗最大，而炮眼口则最小。但是炸药的爆力是沿爆轰传播方向逐渐衰减，而且炮眼炸药卷有一间隙时，衰减尤为明显。这样，采取正向爆破时，炸药卷的爆力最大的时候，遇到的岩石抵抗较小；而爆轰波传播到眼底，抵抗最大时，爆力却衰减了，这显然不能充分发挥炸药的威力。反之，在反向爆破时，炸药的爆力和岩石的抵抗沿着炮眼深度的变化是趋于一致的。这样，炸药的能量能得到合理的发挥和利用，故反向爆破较为合理。在较深的炮眼中爆破时尤其如此。

另外，从安全性出发，一般认为正向爆破比反向爆破安全。所以，在有瓦斯和煤尘爆炸危险的爆破地点，不提倡采用反向爆破。

从装药操作角度来看，反向爆破容易保证药卷衔接，雷管不易从药卷中拽出来，装药过程中发现问题时，也便于把药卷从炮眼中全部拽出来，但是反向爆破，雷管要有较长的脚线。

综上所述，反向爆破比正向爆破有更多的优越性，除了在有瓦斯和煤尘爆炸的矿井，出于安全性的考虑以外，一般应采用反向爆破。

2. 装填

炮眼进行装填时，应按规定的装填结构方向，将炸药慢慢用炮棍送入眼底，并使药卷间彼此紧紧相靠。为了提高爆破效果，炮眼外面应该封以炮泥。

装填时应该特别注意以下几个问题。

(1) 药卷应该彼此紧密接触，但是不能用炮棍把药卷捣实　因为，常用的硝铵类粉状炸药都有一个最佳密度，在此密度下，其爆炸性能最好。出厂的炸药卷都是按最佳密度装成的，大于这个密度炸药起爆感度降低，爆炸反应也不完全。爆轰容易中断，或产生爆燃，密度大到超过某临界值以后，会出现拒爆。用炮棍将炸药捣实，就会增大炸药的密度，产生上述结果。同时，用炮棍捣实炸药，会将药卷防潮外皮捣破，炸药容易受潮，在有水和潮湿的炮眼里，受潮尤其严重，这也影响到炸药的爆炸性能。另外，捣实起爆药卷时，还容易捣向雷管，或者破坏了雷管的起爆能力，用力过猛，还可能将雷管的脚线捣断或刮去绝缘层造成短路。

所以，装药时用炮棍捣实药卷，不论从发挥炸药的爆炸性能方面，还是从安全的角度出发都是有害的。正确的作法是：用炮棍把药卷轻轻送入炮眼，以药卷彼此接触为原则，然后即用炮泥封孔。

(2) 不应装垫药和盖药　在爆破现场把正向装药以外的药卷称为盖药，以里的药卷称为垫药。

从本质上说，盖药和垫药在性质上是一样的，都是在引药雷管的爆轰方向背面再放上药卷，由于这些药卷在起爆雷管的后面，因此，在多数情况下都不能传爆。这是因为，爆轰传播是有方向性的，它总是以雷管为起点，顺着雷管起爆的方向，沿着药柱向前传播，在相反的方向上，一般得不到足以激发炸药引爆的能量便会导致拒爆。即使个别传爆了，也达不到炸药正常的最高爆速，盖药和垫药正符合上述情况。可见，装盖药和垫药，不仅浪费炸药，而且影响爆破效果。甚至造成炸药的爆燃不利于安全生产，必须禁止。

在用雷管起爆导爆索时，表现的也很明显，顺着雷管起爆方向的导爆索可以正常爆轰，相反方向的一般总是残留下来。所以在敷设导爆索网路时，也应注意到在爆轰传播方向的反面，不得布置有导爆索。

(3) 注意药卷的方向性　药卷在出厂时为了提高其传爆能力，总是把一头做成空穴状，利用聚能效应的原理来提高炸药的猛度。这个空穴称为聚能穴，因此装药的时候应将炸药的聚能穴对着待起爆的药卷。

(4) 防潮措施　在潮湿或有水的炮眼内装药时，为了防止炸药受潮变质，影响爆破效果，应该采取一定的防潮处理，常用的方法有：使用抗水炸药、药卷外套防水套、使用特殊防水剂涂抹药卷。

（二）炮孔的封堵

当引药和其他药卷都按规定要求装填完毕以后，未装填药卷部分的炮眼要用可塑性好、不燃的材料堵塞起来，这部分堵塞物称作炮泥。

炸药在没有炮泥封墙的炮眼内爆炸时，部分气体将从炮眼口逸出，使炸药膨胀功能得不到充分利用，从而降低了爆破效果。特别是在煤矿井下，没有封泥的炮眼爆炸以后，火焰不受阻碍的从炮眼喷出，直接和井下的瓦斯与煤尘接触，最容易引燃瓦斯和煤尘或诱使瓦斯和煤尘爆炸。

因此，《煤矿安全规程》规定：没有封泥的炮眼不准放炮。同时还规定，在煤层内放炮时炮泥充填长度，不得小于炮眼长度的1/2；在使用割煤机掏槽时的炮采中，炮泥长度不得小于0.5m；在岩层内放炮时，眼深在0.9m以下时，装药长度不得超过眼深的1/2；炮眼深度在0.9m以上时，装药长度不得超过眼深的2/3，炮眼剩余部分要全部用炮泥填满。

（三）封孔的材料

炮泥的作用是阻止爆破生成气体逸出。因此，当炮眼用封泥堵塞好以后，封泥和炮孔壁的黏结越牢固越好。这样，就要求炮泥应该是由摩擦因数大、密度高、压缩性和抗剪强度好的不燃性材料制成。如砂、黏土以及砂土混合物等。煤矿井下最常采用的炮泥材料是砂土混合物，其比例为1∶1。

为了使用方便，加快充填速度，应将炮泥预制成圆柱形。长为100～150mm，直径比炮眼直径小5～8mm。为了使炮泥保持潮湿，可以在水中加入2%～3%的食盐。

在条件允许时，特别是露天大孔径爆破可采用压风充填干砂，由于干砂密度大、压缩性好、摩擦因数高，故是理想的充填材料。但是充填机械化要求较高，一般人工充填，很难提高充填速度，因此使用范围受到一定限制。

在堵塞炮眼时，决不允许用煤块、岩粉、药卷纸等充作炮泥来充填炮眼，上述材料做炮泥的危害极大。这是因为：

① 材料都是不可塑的，起不到炮泥的充填作用，更谈不上充填密实，因此容易造成打筒的现象；

② 材料大都是可燃烧的，因此有一部分会参与炸药的爆炸反应，这样就改变了炸药本身的氧平衡，使爆炸反应因缺氧而产生额外的一氧化碳，一氧化碳不仅有毒，而且能引起二次火焰，给工人健康和安全生产带来极大隐患；

③ 炸药爆炸时，将使燃烧的煤尘颗粒和炸药纸抛出。很容易引起瓦斯和煤尘爆炸。

基于上述原因，决不能用可燃性的煤粉、药卷纸和岩块来充作炮泥堵塞炮眼。

近年来，国内外普遍采用一种水炮泥作为充填材料，其是一种用塑料薄膜圆筒充水代替炮泥来堵塞炮眼的新型封孔材料。具有以下优点。

① 炸药爆炸后，水炮泥中的水由于爆炸气体的冲击作用，在爆炸瞬间形成一层水幕，起到了降低爆温、缩短爆炸火焰延续时间的作用，从而减少了引爆瓦斯和煤尘的可能性，有利于安全生产。

② 水炮泥破裂后形成的水幕，有灭尘和吸收炮烟中有毒气体的作用，有利于改善劳动条件。

实践证明，用水炮泥代替一般炮泥，煤尘含量可降低近 50%，二氧化碳含量可减少 35%，二氧化氮含量可减少 45%。

因此，水炮泥是一种安全可靠的新型充填材料应该提倡使用。

（四）操作要求和装药量的限制

1. 炮眼法爆破装药的操作要求

① 先用炮棍检查炮眼深度，看是否达到规定要求的深度，符合要求时即可装药，要注意药卷聚能穴方向是否与爆轰传播方向一致。

② 不要用炮棍用力捣药卷，特别是起爆药包。

③ 硬化的硝铵类炸药只能用手把硬块捏碎，不能用其他工具砸。

2. 钻孔法爆破装药的操作要求

① 钻孔口 70cm 半径内不准有碎石、杂物。如果钻孔口部分的岩石不稳固，应加强支撑。

② 若有数个钻孔同时起爆，那么只准许用电力起爆或导爆索起爆。钻孔深

度超过10m时，要增加备用起爆网路，但不准用导火索。

③ 钻孔深度不超过10m，单个炮孔装药准许使用导火索和有两个同时点燃的起爆体。

④ 堵塞时要使起爆网路松弛，不能把起爆网路连线拉得过紧。

⑤ 只准许用结实带钩的绳子把药包吊放到钻孔内，不准直接把药包从钻孔口倒入。

3. 硐室法爆破装药时的操作要求

① 装药时药室内不准有电源线。

② 只准爆破工装药。

③ 禁止将雷管散放在炸药里，也不许把雷管装在盒内放在炸药里。

④ 装药超过一昼夜时，对雷管和药包要进行防潮处理。

⑤ 在药室内装药时禁止抛掷炸药。

4. 装药量的确定

装药时必须按规定要求的装药数量装药，不能少装，特别是也不能多装。有些人认为："多装总比少装好"、"多装药爆破效果就好"，这些认识显然是错误的。多装药不仅浪费了大量炸药，爆破效果也不会因此而改善，而且还会给生产和安全带来许多不必要的害处。

① 装药量过大，势必造成爆破下来的煤岩过度粉碎，而且抛掷过远，其结果是使爆堆分散，不利于清理和装运，因而也就增加了清理和装运的工作量。

② 装药量过大，往往不同程度地破坏了围岩的稳定，还容易崩倒支架，造成落石冒顶，增加了维修的工作量。

③ 装药量过大，还可能崩坏电气设备和施工机械，造成电缆短路及起火和停电。

④ 装药量过大，相对来说炮泥充填的长度就要减少，瓦斯、煤尘爆炸的可能性就会增加，对安全不利。

⑤ 装药量过大，爆破后产生的有毒有害气体数量也相应增加，既增加了排放炮烟的时间，也影响到工人的健康。

⑥ 装药量过大，由于煤岩过度粉碎，产生大量煤岩粉尘，工人长期在超过粉尘浓度规定的环境里工作，会患硅肺病，而失去工作能力。

基于上述原因，装药时应以达到爆破要求为准，装药量必须限制在规定的消耗定额以内，过多地增大装药量，从安全上、经济上都是有害的。因此，在爆破前要根据施工条件，炸药种类诸因素合理地选用炸药消耗量。

炸药消耗量是指爆破单位体积岩石的炸药用量，影响炸药消耗量的主要因素如下。

(1) 自由面个数和最小抵抗的情况　自由面的个数和最小抵抗的大小直接影

响着炸药消耗量，一般自由面个数越多，最小抵抗越小，炸药消耗量就越少；反之，自由面个数越少，最小抵抗越大，炸药消耗量也越大。

（2）巷道断面　井下巷道断面积的大小也影响到炸药消耗量，因为它实际上是最小抵抗和自由面的综合反映，断面越大，炸药消耗量越少。

（3）岩石性质　炸药消耗量随着岩石坚固性的增大而有所提高，但还要注意到岩石的物理状态和物理性质，例如，韧性强的岩石较难破碎，炸药消耗量就高，脆硬的岩石容易爆破，炸药消耗量就低。

（4）炸药的品种　不同品种的炸药其爆力和猛度指标也不同，因此，不同品种的炸药在同一种岩石中使用，其消耗量也应该不同。所以，根据爆破条件和要求应合理选用炸药品种才能降低炸药消耗。如果在允许使用威力、猛度较高的炸药的地方，仍使用低威力炸药，那自然会造成消耗量增加。

（五）放炮操作

1. 放炮操作前的要求

放炮员把炮眼装填完并连接好爆破网路后，立即发出放炮预备信号，然后把网路脚线连接在母线上迅速撤离爆破现场。这里必须强调的是放炮员要最后一个离开爆破现场。在给电放炮前再次发出放炮信号，确认没有不安全隐患时，即可起爆爆破网路。

一般按如下顺序发出三次放炮信号。

第一次装药信号：信号发出后不担任爆破的人员撤离爆破现场，警戒人员进入指定岗哨位置，阻止无关人员进入爆破区，放炮员开始装药。

第二次放炮预备信号：信号发出后爆破网路即和母线接好。

第三次正式放炮信号：放炮员进入掩蔽地点后发出此信号。

2. 操作方法

① 用动力或照明线路做起爆电源时，发出放炮信号后，放炮员即可用钥匙打开动力放炮开关盒，把母线接在开关盒的接线柱上，然后按顺序合上两个刀闸进行起爆。响炮同时要把刀闸迅速拉开，母线拆下把开关盒锁上。

② 用发爆器起爆时，当发出放炮信号后接好母线，把钥匙插入放炮器并旋至充电位置待放炮指示灯亮后起爆。

③ 用导爆索起爆的网路，因为导爆索本身的起爆需要电雷管，所以操作方法与电爆网路相同，只是电雷管需在最后连进网路。

3. 操作中应注意的事项

① 起爆网路的工作必须由放炮员单独操作，不准多人同时操作。禁止他人代替。

② 放炮器的钥匙必须由放炮员随身携带，不得转交他人。另外，不到通电

放炮时不得把钥匙插入放炮器和打开电力放炮开关盒。同时放炮后要立即把钥匙拔出，摘掉母线并加以扭结。

③ 放炮过程中如果发生故障，需进入爆破现场检查网路时，必须停顿至少15min后才准进入爆破现场，并且不准单人作业，也就是说，除了放炮员以外还需指定一人同时进入爆破区。特别需要指出的是进入爆破区处理爆破故障时，放炮员必须随身携带放炮钥匙，并且要摘掉母线将其加以扭成短路。用电力放炮开关盒起爆时，除了摘掉母线并加以扭结外，还需把开关盒锁上，才准放炮员进入放炮区检查网路出故障的原因，绝对禁止放炮员把钥匙交给别人或插在放炮器上让别人看管。

④ 装药的炮眼必须当班放炮完毕。在特殊情况下如果当班留下尚未放完炮的装药炮眼，当班的放炮员必须和下班的放炮员在放炮现场逐个炮眼的交代清楚。

4. 火雷管的起爆

(1) 火雷管起爆的操作和注意事项　用导火索起爆的特点是，放炮员置身于炮区之中，并要逐个炮眼的去点燃。因此，事先组织不好就很容易发生安全事故。为确保点燃的安全，必须认真做到以下几点。

① 在点燃导火索以前，放炮员要按起爆要求明确分工，详细交代每个人需点燃的炮眼数目，点燃顺序和点燃方法。

② 点燃前放炮员要按实际点燃路线演习一次，以确定点燃路线和导火索长度是否合理，并要考虑到在点燃过程中发生意外故障延误了时间的紧急避灾路线。

③ 点燃时同时操作的人员不得超过2人，得到点燃命令后，点燃人员必须按预定顺序同时开始点燃。

④ 雷管引爆的导火索长度一般不小于1.4m，警戒雷管导火索长度不得大于引爆导火索长度的一半。

⑤ 起爆后如果计数的响炮个数与装炮数相同时，可在最末一炮响后5min，人员进入放炮区。如果计数不够准确或有怀疑时则至少要在最末一炮响后15min，才准人员进入放炮区检查。

(2) 警戒雷管的使用　使用警戒雷管是明火起爆的一项安全措施，其作用是警告点燃人员及时停止点炮，离开爆破区域。因此，它对保证点燃人员的安全是必不可少的，使用时要注意下列问题。

① 每次放炮所使用的警戒雷管不准超过2个，其导火索长度应是装入炮眼内火雷管导火索长度的1/2。

② 要在点燃第一个炮孔导火索的同时，点燃警戒雷管的导火索。警戒雷管要放在距离炮区10m而不影响点燃人员的安全地点，决不能放在点炮人员的退

路上。

③ 警戒雷管响后，所有的点炮人员要立即停止点炮，退出炮区并迅速躲进掩蔽所内，或撤到警戒区以外的安全地点。

(3) 导火索的点燃方法　点燃导火索方法很多，归纳起来有：香火点燃法、导火索点燃法、火绳点燃法以及火柴点燃等。这些方法各有其优点和缺点，具体选用哪一种，可根据爆破条件和使用习惯来选。目前，使用最多的是导火索点燃法。

① 导火索点燃法。取一段长 300～500mm 的导火索，做引燃导火索。先在上面每隔 20～30mm 切出约为导火索直径 2/3 深的斜口，斜口的个数要多于一次点燃导火索的根数。

点燃前，先用火柴将第一根引爆导火索和引燃导火索的一端同时点燃，当引燃导火索的芯药燃烧到第一个斜口时，就用第一个斜口喷出的火焰去点燃第二根引爆导火索。其余的导火索按此法依次点燃。

② 香火点燃法。最好是用盘香。先用火柴把香点燃，然后把香火贴于药芯即可点燃导火索。但此法雨天不能使用。

③ 火绳或点火筒点燃法。将火绳或点火筒的一端用火柴点着，接着用已点燃的火绳或点火棒贴于导火索药芯，即可点燃导火索。此法可依次点燃多根导火索。

④ 火柴点燃法。将火柴头贴于导火索芯药，以火柴摩擦火柴头，火柴头发火的同时点燃导火索，但此法只适合用于点燃单个炮眼。

三、放炮后的清查工作

(一) 爆破现场的检查

爆破完后在开始其他工序正常工作以前，必须由放炮员和班组长一起对爆破现场进行认真必要的检查和巡视，确认现场安全，发出“放炮完毕撤除警戒”的信号，方可进行下一道工序。检查和巡视工作必须在响炮后至少 15min，方准进入炮区进行。

过早进入炮区，被爆岩体尚不稳固，有的仍在继续滑动和塌陷，进入炮区的人员有被砸伤的危险。另外假若雷管因起爆能量不足或炸药部分变质，引爆后开始只发生爆燃，但随着燃烧的延续，药包周围温度和压力不断增高，这样就又有可能导致炸药爆炸。这种情况发生时，炸药的爆炸要比正常条件下的爆炸延续一定的时间，这种现象称“缓爆”。因此遇到上述情况，过早进入炮区是非常危险的。

对于矿山井下人员进入放炮地点，还必须要等待炮烟完全吹散，否则，进入爆破现场的人员，有被炮烟中有毒有害气体熏倒窒息的危险。

放炮后要进入放炮现场检查和巡视应该做好的工作主要有以下几方面。

1. 检查有无残炮、瞎炮

检查有无残炮、瞎炮，特别在计数的响数与装药数不符时，更要详细检查，发现漏炮时可连在母线上重新引爆，仍然不响则要当作瞎炮处理。

瞎炮的处理按第四章第三节内容进行，但这里需特别强调以下两点。

① 遇有瞎炮时必须立即处理，未处理完毕不准进行其他工作。当班处理不完，交接班时，两班的放炮员必须在现场当面交代清楚（包括眼深、炮眼方向、装药量以及处理情况等）。

② 放炮后发现不爆炸时，不要立即进入放炮地点查找原因。不要总是误认为是爆破网路上的问题，而忽视可能发生的缓爆现象。缓爆现象的延续时间有时可长达十几分钟，因此只有长时间还不爆炸才能按瞎炮进行处理。

2. 检查顶板、围岩的稳定情况

井下爆破地点首先要检查顶板、围岩稳定情况。其方法是：用铁撬棍把已经开裂但尚未脱离原岩体的浮石撬掉，这一工作井下通常称为敲帮问顶。操作时用撬棍敲打帮、顶围岩，从发出的声响的空、实声音来判断围岩是否开裂、是否有脱落的危险，对有危险的岩块，一定要撬掉，这一工作一般由安检工或有经验的老工人进行处理。对于放炮崩倒的支架必须立即架设好，否则不能进行其他工作。

地面上爆破现场的检查，也是要先处理好浮石，把已经开裂尚未掉下来或虽已崩掉但堆积不稳固的浮石处理稳定。处理前，处理者自己首先要找好稳固的立足点，并要注意浮石滚落的下方不能有车辆通过或有人员做其他工作。

3. 煤矿井下，还要认真检查通风设施和瓦斯情况

对于放炮崩落的风筒要立即挂好、接牢，由于巷道的推进，如风筒口距施工地点的距离超过规定长度时要立即接长。放炮后由于瓦斯的大量涌出，要加强通风工作，使工作地点的瓦斯浓度不得超过1%。

（二）清理爆破器材

放炮结束后，放炮员撤离放炮现场要在安全地点认真清理爆破器材。核实炸药、雷管和其他起爆材料的实际使用量，并填写实际消耗单。把多领而未用完的炸药、雷管等爆破材料立即交回炸药库，若发现实领与消耗和剩余之数不符时，要立即查找原因并告班组长。

放炮母线要从爆破现场收回，并缠绕起来，崩断的部分要接好，再用胶布缠牢，最后要做导通试验，以备下次爆破时使用。

放炮器悬挂在干燥、安全的地点或交到工具库。每隔一定时间应带到井上进行干燥和检查，并更换电池或充电。动力放炮开关盒，用完要把两个刀闸都打开并锁好。其他的放炮工具如掏勺、炮锥等也要交到工具库妥善保存，以备下次使用。

第四章　爆破技术

第一节　爆破安全距离

为了保证爆破地点附近人员、机械和建筑物、构筑物的安全，必须根据爆破产生的各种危害作用确定安全距离。

一、爆破地震作用安全距离

① 一般建筑物和构筑物的爆破地震安全性应满足安全震动速度的要求，主要类型的建（构）筑物地面质点的安全震动速度规定如下：

重要工业厂房 0.4cm/s；

土窑洞、土坯房、毛石房屋 1.0cm/s；

一般砖房、非抗震的大型砌块建筑物 2～3cm/s；

钢筋混凝土框架房屋 5cm/s；

水工隧洞 10cm/s；

交通隧洞 15cm/s；

矿山巷道：围岩不稳定有良好支护 10cm/s；围岩中等稳定有良好支护 15cm/s；围岩稳定无支护 20cm/s。

② 爆破地震安全距离可按下式计算：

$$R=\left(\frac{K}{v}\right)^{\frac{1}{\partial}}m^{n}$$

式中　R——爆破地震安全距离，m；

m——炸药量，kg；齐发爆破取总炸药量，微差爆破或秒差爆破取最大一段药量；

v——地震安全速度，cm/s；

n——药量指数，取 1/3；

K、∂——与爆破点地形、地质等条件有关的系数和衰减指数，可按表 4-1 选取，或由试验确定。

在特殊建（构）筑物附近或爆破条件复杂地区进行爆破时，必须进行必要的爆破地震效应监测或专门试验，以确定被保护物的安全性。

表 4-1　爆区不同岩性的 K、∂ 值

岩　性	K	∂
坚硬岩石	50～150	1.3～1.5
中硬岩石	150～250	1.5～1.8
软岩石	250～350	1.8～2.0

二、爆破冲击波安全距离

露天煤矿应尽量避免裸露爆破，露天裸露爆破时，一次爆破的炸药量不得大于 20kg，并应按下式确定空气冲击波对在掩体内避炮作业人员的安全距离。

$$R_K = 25\sqrt[3]{m}$$

式中　R_K——空气冲击波对掩体人员的最小安全距离，m；

m——一次爆破的炸药量，kg；秒延期爆破时，m 取各延期段中最大药量计算，毫秒延期爆破时，m 按一次爆破的总炸药量计算。

药包爆破作用指数 $n<3$ 的爆破作业，对人和其他被保护对象的防护，应首先核定个别飞散物和地震安全距离。当需要考虑对空气冲击波的防护时，其安全距离由设计确定。

三、个别飞散物安全距离

爆破（抛掷爆破除外）时，个别飞散物对人员的安全距离不得小于表 4-2 的规定；对设备或建筑物的安全距离，应由设计确定。

抛掷爆破时，个别飞散物对人员、设备和建筑物的安全距离，应由设计确定，并报上级主管部门批准。

表 4-2　爆破（抛掷爆破除外）时，个别飞散物对人员的安全距离

爆破类型和方法	个别飞石的最小安全距离/m
一、露天土岩爆破[①]	
① 破碎大块岩矿	
裸露药包爆破法[②]	400
浅眼爆破法	300
② 浅眼爆破法	200(复杂地质条件下或未形成台阶工作面时不小于300)
③ 浅眼药壶爆破法	300
④ 蛇穴爆破	300
⑤ 深孔爆破	按设计，但不小于 200
⑥ 深孔药壶爆破	按设计，但不小于 300
⑦ 浅眼眼底扩壶	50
⑧ 深孔孔底扩壶	50
⑨ 硐室爆破	按设计，但不小于 300

续表

爆破类型和方法	个别飞石的最小安全距离/m
二、爆破树墩	200
三、森林救火时，堆筑土壤防护带	50
四、爆破拆除沼泽地的路堤	100
五、河底疏浚爆破[3]	
① 水面无冰时，用裸露药包或浅眼、深孔爆破	
水深小于1.5m	与地面爆破相同
水深大于6m	不考虑飞石对地面或水面上人员的影响
水深1.5～6m	由设计确定
② 水面覆冰	200
③ 水底硐室爆破	由设计确定
六、破冰工程	
① 爆破薄冰凌	50
② 爆破覆冰	100
③ 爆破阻塞的流水	200
④ 爆破厚度大于2m的冰层或爆破阻塞的流水一次用药量超过300kg	300
七、爆破金属物	
① 在露天爆破场	1500
② 在装甲爆破坑中	150
③ 在厂区内的空场上	由设计确定
④ 爆破热凝结构	按设计，但不小于30
⑤ 爆炸成型与加工	由设计确定
八、拆除基础、炸倒房屋和构筑物；在建筑物附近进行开挖控制爆破	由设计确定
九、地震勘探爆破	
① 浅井或地表爆破	按设计，但不小于100
② 在深孔中爆破	按设计，但不小于30
十、用爆破器扩大钻井[4]	按设计，但不小于50

① 沿山坡爆破时，下坡方向的飞石安全距离应增大50%。

② 同时起爆或毫秒延期起爆的裸露爆破装药量（包括同时使用的导爆索装药量），不应超过20kg。

③ 为防止船舶、木筏驶进危险区，应在上、下游最小安全距离以外设封锁线和信号。

④ 当爆破器置于钻井深度大于50m时，最小安全距离可缩小至20m。

四、贯通巷道爆破安全距离

《煤矿安全规程》规定：掘进巷道贯通前，综合机械化掘进巷道在相距50m

前，其他巷道在相距 20m 前，必须停止一个工作面，做好调整通风系统准备工作。

贯通时，必须由专人在现场统一指挥，停掘的工作面必须保持正常通风，设置栅栏及警标，经常检查风筒的完好状况和工作面及其回风流中瓦斯浓度，瓦斯浓度超限时，必须立即处理。掘进工作面每次爆破前，必须派专人和瓦斯检查工同到停掘的工作面检查工作面及其回风流中的瓦斯浓度，瓦斯超限时，必须先停止在掘工作面的工作，然后处理瓦斯，只有在两个工作面及其回风流中的瓦斯浓度都在 1.0%以下时，掘进的工作面方可爆破。每次爆破前，两个工作面入口必须有专人警戒。

间距小于 20m 的平行巷道的联络巷贯通，必须遵守以上规定。

第二节　拒爆、早爆的预防

一、拒爆的原因

爆破网路起爆后，由于各种原因造成起爆药包（雷管或导爆索）瞎火和炸药的部分或全部未爆的现象称为拒爆。拒爆包括残药和盲炮。盲炮也就是俗称的瞎炮。根据大量拒爆事故的调查分析，产生拒爆的原因有以下几方面。

（1）雷管　雷管受潮，或因雷管密封防水失效。

① 雷管电阻值之差大于 0.3Ω 或采用了非同厂同批生产的雷管。

② 雷管质量不合格，又未经质量性能检测。

（2）起爆电源

① 通过拒爆雷管的起爆电流太小，或通电时间过短，雷管得不到所必需的点燃冲能。

② 起爆器内电池电压不足。

③ 起爆器充电时间过短，未达到规定的电压值。

④ 交流电压低，输出功率不够。

（3）爆破网路

① 爆破网路电阻太大，未经改正，即强行起爆。

② 爆破网路错接或滑接，导致起爆电流小于雷管的最小发火电流。

③ 爆破网路有短接现象。

④ 爆破网路漏电、导线破损并与积水或泥浆接触，此时实测网路电阻远小于计算电阻值。

（4）炸药

① 炸药保管不善受潮或超过有效期，发生硬化和变质现象。

② 粉状混合炸药装药时药卷被捣实，使密度过大。

(5) 其他

① 药卷与炮孔壁之间存在间隙效应。

② 药卷之间有岩粉阻隔。

二、拒爆的预防和处理

1. 拒爆的预防措施

① 禁止使用不合格的爆破器材；不同类型、不同厂家、不同批的雷管不得混用。

② 连线后检查整个线路，查看有无连错或漏联；进行爆破网路准爆电流的计算，起爆前用专用爆破电桥测量爆破网路的电阻，实测的总电阻与计算值之差应小于10%。

③ 检查爆破电源并对电源的起爆能力进行计算。

④ 对硝铵类炸药在装药时要避免压得过紧，密度过大。

⑤ 对硝铵类炸药要注意间隙效应的发生，装药前可在药卷上涂一层黄油或黄泥。

⑥ 装药前要认真清除炮孔内岩粉。

2. 拒爆处理方法

① 因连线不良、错连、漏连，要重新连线放炮。经检查确认起爆线路完好时，方可重新起爆。

② 因其他原因造成的拒爆，则应在距拒爆炮眼至少0.3m处重钻和拒爆炮眼平行的新炮眼，重新装药放炮。

③ 禁止在炮眼残底继续打眼加深（无论有否残余炸药），严禁用镐刨，或从炮眼中取出原放置的引药或从引药中拉出雷管。

④ 处理拒爆的炮眼爆破后，应详细检查并收集未爆炸的爆破材料予以销毁。

三、早爆的防治

早爆是指在爆破作业中未按规定的时间提前引爆的现象。在爆破施工中，杂散电流、静电感应、雷电、射频感应电等均能引起电爆网路中雷管早爆。

1. 杂散电流的防治

杂散电流是指来自电爆网路之外的电流。它有可能使电爆网路发生早爆事故。因此在井巷掘进中，要经常监测杂散电流，超过30mA时，必须采取可靠的预防杂散电流的措施。

(1) 杂散电流的来源

① 架线电机车的电气牵引网路电流经金属物或大地返回直流变电所的电流。

② 动力或照明交流电路漏电。

③ 化学作用漏电。

④ 因电磁辐射和高压线路电感应产生杂散电流。

⑤ 大地自然电流。

（2）杂散电流的防治

① 由于杂散电流可引起电雷管爆炸，具有很大危害，因此，一般需测定流过电雷管的杂散电流值。量测仪器可采用 ZS-1、B-1、701 等杂散电流测定仪。测量时间取 0.5～2min。按规定，采用电雷管起爆时，杂散电流不得超过 30mA。大于 30mA 时，必须采取必要的安全措施。

② 尽量减少杂散电流的来源，特别要注意防止架线电机车牵引网路的漏电。一般，可在铁轨接头处焊接铜导线以减小接头电阻，采用绝缘道碴或疏干巷道来增大巷道底板与铁轨之间的电阻，以减小漏电等。

③ 确保电爆网路的质量，爆破导线不得有裸露接头；防止损伤导线的绝缘包皮；雷管脚线或已与雷管连接的导线两端，在接入起爆电源前，均应扭接成短路。

④ 在爆区采取局部或全部停电的方法可使杂散电流迅速减小，必要时可将爆区一定范围内的铁轨，风水管等金属导体拆除。

⑤ 采用紫铜桥丝低电阻电雷管或无桥丝电雷管，但必须相应地采用高能起爆器作为起爆电源。

⑥ 采用非电起爆系统，如导爆管、导爆索和导火索等。但在井下有瓦斯、煤尘时，不得使用。

2. 静电的防治

（1）静电的产生　所谓静电是指物体表面存在的（+）或（−）静止电荷。静电的产生主要是因两个物体进行接触和分离（摩擦、流动等）所引起的。当然，有的物体本身就是带电体，如有机分子构成的物体。另外，物体在强电场的作用下被极化或受感应也会带电。

（2）静电在井下的危害

① 塑料制品静电的危害。中国煤矿井下常使用塑料管进行井下洒水降尘、压风管路、喷浆管路，特别是瓦斯抽放管路，其静电的危害是十分严重的，煤矿井下经常发生因静电放电而发生瓦斯燃烧甚至瓦斯爆炸事故。在喷浆系统中，由于砂粒与管壁的摩擦、碰撞，静电放电亦很严重，还发生静电电击人身事故。实验证明，矿井下尽管相对湿度很大，采用普通塑料管做喷浆管路仍是不安全的。

② 带式输送机输送带和托辊静电的危害。输送带运动过程中，静电积累是严重的。当其与滚筒接触和分离时产生静电，当带电量达到相当高值时就会产生

火花放电。带电量的大小，是根据输送带和托辊的材质、接地电阻而定。带电量还与输送带运动速度有关，速度增加则带电量增大；另外与接触面大小也有关，接触面大带电量也大，输送带打滑时，带电量也增加。

③ 静电对人体生理的作用。静电荷能聚集在人的身体上，特别是穿着不导电的靴，以及羊毛、丝和人造纤维制成的衣服和衬衣，人体对地的电位能达到7kV以上。例如，人穿尼龙羊毛混纺衣服从人造革面椅子上起立时，人体可以产生近10kV的高压静电。人将尼龙纤维的衣服从毛衣外面脱下时，也可使人体带有10kV以上的高压静电。这些都是属于不同固体介质之间接触摩擦起电。

静电对人的生理作用使人感到有微弱的、中等的或强烈的刺激和烧伤，其程度与放电能量有关。由于电流值不会损失，刺激或烧伤的感觉对人不会造成直接的危害。

静电的产生，会引起点爆网路中雷管早爆，早爆的出现，必将酿成井下事故，造成人员、财产的伤亡和损失。因此，要防治早爆必须把产生静电的可能性消灭在萌芽状态。

(3) 消除静电的方法

① 保护接地。接地是防止静电荷积累的途径之一，它是将带电物体上产生的静电荷通过接地导线引入大地，避免出现高电位，减少物体对地的电位差。但是应该明确，保护接地是防止带电的措施，而不是防止产生静电的措施。

② 添加抗静电剂。普通聚乙烯软管的表面电阻一般在$10^{10}\Omega$以上，用于井下是很危险的。抗静电制品是在非导体中较为均匀地掺入电导率大的物质或防静电添加剂，使其电导率增大。也有采用外涂法以及其他方法，增大其电导率，保证了安全生产。煤矿井下湿度较大，采区内一般在90%以上，井底车场附近一般也大于70%，这时使用抗静电制品是十分有利的。若抗静电制品用于相对湿度小于50%的地方，仍应注意静电危害。

3. 雷电的预防

雷电是自然界的静电放电现象。带有异性电荷的雷云相遇或雷云与地面突起物接近时，它们之间就发生激烈的放电。由于雷电能很大，能把附近空气加热到20000℃以上，空气受热急剧膨胀，就产生爆炸冲击波，并以5000m/s的速度在空气中传播，最后衰减为声波。这样，在雷电放电地点，就出现强烈闪光和爆炸的轰鸣声。因此，特别是露天开采中，在有雷电的情况下，严禁进行爆破作业。

4. 射频引起的早爆事故预防

未屏蔽的电雷管和电爆网路，在无线电广播电台、雷达和电视台发射的强大的射频场内，不论短路或开路，也不论是否连接到电路中，都起到天线的作用。电雷管起爆网路会在射频场内感生、吸收电能，如果这种电能超过了安全允许值，即可引起电雷管早爆和误爆事故。

为了防止电雷管早爆，在雷管运入爆区之前，应对爆区附近具有潜在危险的射频能源进行调查和用仪表对爆区的射频能进行检测。

在射频能源附近进行爆破作业时，采取下列预防措施可增强作业的安全性。

① 查明爆破附近是否有射频能源。如长期进行爆破作业的采石场、矿山或其他工地，就应和射频能源保持一定距离。爆破安全射频距离见表4-3。

表4-3 爆破安全射频距离

发射功率/W	安全距离/m	发射功率/W	安全距离/m
4～20	30	250～999	300
20～99	60	1000～4999	600
100～249	150	5000～50000	1500

② 采用屏蔽线爆破。

③ 电雷管在射频源附近运输、储存时，脚线应折叠或绕成卷，并装在金属箱内。

④ 采用非电起爆系统，能有效地防止射频电的危害。

第三节 炮烟的危害

在采掘爆破中，放炮后产生的烟尘，既有炸药爆炸生成有毒气体（主要是一氧化碳和二氧化氮等），又包含爆炸时产生的煤、岩粉尘。在炮烟浓度较大或长时间在含有炮烟空气中工作，人体不仅会吸入较多的粉尘，而且还会受到炮烟中有毒气体的严重毒害而酿成事故，俗称炮烟熏人。

一氧化碳是无色、无味，比空气稍轻的气体。它与人体红细胞中血色素的亲和力，为氧气的250～300倍，所以一氧化碳能在短时间内造成人体组织缺氧，严重的会中毒死亡。空气中一氧化碳含量达0.4%时，对人有致命危险。

二氧化氮呈红褐色，比空气重，易溶于水，对人的眼睛及呼吸器官有强烈的刺激作用。二氧化氮比一氧化碳的毒性要大许多倍，空气中含量达0.025%时，人就会很快中毒死亡。

一、产生炮烟熏人的原因

① 所用炸药质量低劣、变质，炮眼封泥不符合要求，炸药爆炸反应不完全，有害气体生成量大。

② 使用的炸药量过多，超过了通风能力，不能在规定时间内迅速吹散炮烟。

③ 通风管理差，工作面风量不足，炮烟不能及时排出，作业人员提前进入工作面。

④ 作业人员在回风道内，距放炮地点较近，炮烟浓度大，人员未能及时撤离。

二、预防炮烟熏人的措施

① 不准使用质量低劣、变质严重的炸药，并要保证炮眼封泥的充填质量。

② 一次爆破的炸药量要与通风能力相适应。

③ 工作面要加强通风管理，减少漏风，并应避免串联通风。

④ 放炮前后，在放炮地点 20m 范围内要充分洒水，以便吸收、溶解放炮产生的部分有害气体和煤、岩粉尘。

⑤ 放炮后要有充分的通风时间，待炮烟被吹散后，作业人员方可进入工作地点，并在通过炮烟区时，应用湿毛巾捂住口鼻。

⑥ 回风巷应有足够的断面，不应在巷内长期堆积坑木、煤、矸等物品。在距放炮点一定距离的回风巷道中，要挂牌作为警戒，防止有人进入浓炮烟区。

《爆破安全规程》规定：矿用炸药允许的有毒气体总生成量折算成 CO 不能超过 100L/kg。按毒性程度，每 1L 二氧化氮相当于 6.5L 一氧化碳，这样就可以用一氧化碳的折算量表示炸药的有毒气体生成总量。

为了确保工人的健康和安全，必须高度重视井下工作面炮烟的消减工作，使得矿井有害气体最高含量必须在表 4-4 允许的范围。同时，应该采取一系列有效措施，向广大施工人员宣传有关炸药生成有毒气体的基本知识；严格防止炸药变质，确保炸药质量，发现变质炸药，绝对不能继续使用；另外还要加强通风管理，保证爆破现场有充足的新鲜风流；采用水雾、水幕和水炮泥消烟。

表 4-4 矿井有害气体最高允许含量

名　称	最高允许含量/%	名　称	最高允许含量/%
一氧化碳(CO)	0.0024	硫化氢(H_2S)	0.00066
氧化氮[换算成二氧化氮(NO_2)]	0.00025	氨(NH_3)	0.004
二氧化硫(SO_2)	0.0005		

第五章　涉爆人员的职责

爆破作业是特种作业，具有危险性、整体性和时限性。由于爆破作业的特殊性，《中华人民共和国民用爆炸物品管理条例》第五条和第六条规定：生产、保管、使用和押运爆破物品的职工，必须政治可靠、责任心强、熟悉爆破物品性能和操作规程。新录用的人员，必须事先进行必要的技术训练和安全教育；爆炸物品的安全管理，由各生产、储存、销售、运输、使用爆炸物品单位主管领导人负责。生产、储存、销售、运输、使用爆炸物品单位，必须制定爆炸物品安全管理制度和安全技术操作规程，建立安全岗位责任制，教育职工群众严格遵守，并根据需要设置安全管理部门或安全员。

第一节　爆破器材管理人员的职责

爆破器材管理人员应了解爆破器材库的类型、结构；爆破器材的种类、性能和应用条件；爆破器材的爆炸性能检验。

爆破器材管理人员应掌握爆破器材运输、储存、管理的基本知识与规定；爆破器材库的安全距离和要求；库区安全检查；警卫制度。

爆破器材管理人员必须熟练掌握爆破器材库通讯、照明、温度、湿度、通风、防火、防电和防雷要求；爆破器材的外观检查、储存、保管、统计和发放；爆破器材的报废与销毁方法；意外爆炸事故的抢救技术。

爆破器材管理人员主要指保管员、试验员、押运员、安全员和爆破材料库主任，他们肩负着爆破器材管理的重大职责，是爆破器材安全的第一道防线的守护神。他们的具体职责如下。

一、押运员的职责

① 确保所押运的爆破器材的品种、数量无误，必须查验工业雷管出厂时随箱（盒）编码登记表情况（登记表类别参见附录1）；

② 监督运输车辆按照公安机关指定的日期、路线、行车速度行驶；

③ 监督装载的爆炸物品不超高、不超载，而且牢稳盖严；

④ 看管好爆炸物品，严防途中丢失、被盗或发生其他事故；

⑤ 货物运到目的地后，要监督收货单位在《爆破物品运输证》上签注物品

到达情况，并将运输证交回原发证公安机关。

二、看库员和保管员的职责

1. 看库员的职责

看库员的任务是负责守卫库房，做好防火、防盗、防破坏和防止发生意外事故，主要职责如下。

① 坚守岗位，不准擅离职守，严防爆炸物品丢失被盗或使库房受到破坏；

② 对出入库的爆炸物品验证；

③ 严防无关人员进入库区。对进入库区的人员和车辆实施安全监督，严防将火具、火种、易燃、易爆等危险物品带入库区；

④ 经常对库房的防盗报警装置进行检测，切实保证有效；

⑤ 及时消除库区的不安全隐患。

2. 保管员的职责

保管员（发放员）的任务是负责对爆炸物品的验收、发放、统计和保管爆破器材，并做好雷管的编码工作，编码操作详见附录1。对无《爆破作业证》的人员有权拒绝发给爆破器材。主要职责如下。

(1) 收存爆炸物品要坚持“四不入”

① 没有公安机关签发的《爆炸物品运输证》或没有其他规定的手续不入库，特别是要认真核对工业雷管出厂时所要求的一些编码登记表（参见附录1）。

② 爆炸物品的品种、数量不清不入库。

③ 库内混存、超量不入库。

④ 过期失效、变质的爆炸物品不入库。

(2) 发放爆炸物品要坚持“四不发”

① 没有公安机关签发的《爆炸物品运输证》或没有本单位的发料单据不发。

② 运输爆炸物品的工具不当和没有押运人员不发。

③ 品种、数量与单据不符不发。

④ 过期失效、变质的爆炸物品不发。

(3) 收、发爆炸物品要有登记账目　收、发爆炸物品要有登记账目，做到日清月结，账物相符。发现爆炸物品丢失被盗，要立即报告上级主管单位和当地公安机关，并认真查找。

(4) 经常进行安全检查　检查的主要内容如下。

① 爆炸物品的货架、堆垛是否牢稳；

② 库内温度、湿度是否正常；

③ 所存物品有无失效、变质现象；

④ 爆炸物品有无短少、丢失或被盗；

⑤ 防火用具是否齐全有效，水源是否充足；

⑥ 库房建筑、防护土堤、围墙是否完好；

⑦ 对雷电防护系统进行检测，并保证接地电阻合格；

⑧ 及时清理易燃物品，保持库内整洁。

三、试验员的职责

爆破材料试验员负责爆破器材的检验工作。具体职责如下。

① 做好爆破材料入库检查验收工作。

② 对发放给爆破员的雷管、炸药做好检验，保证爆破材料合格。

四、安全员的职责

① 在库主任领导下，协助贯彻执行有关安全生产的规章制度，并接受上级安全部门的业务指导；

② 负责组织对新职工进入仓库和复工人员的安全教育和考试，定期对职工进行安全生产宣传教育，做好每年的普测、考核、登记和上报工作；

③ 协助领导开展定期的职业安全、卫生自查和专业检查，对查出的问题进行登记、上报，并督促按期解决；

④ 负责组织安全例会、安全日活动，开展安全竞赛及总结先进经验等；

⑤ 协助领导制定仓库安全管理细则、岗位安全操作细则、安全确认制和临时性危险作业的安全措施等；

⑥ 经常检查职工对安全生产规章制度的执行情况，制止违章作业和违章指挥，对危及人身安全的重大隐患，有权停止生产，并立即报告领导；

⑦ 参加伤亡事故调查、分析、处理，提出防范措施，负责伤亡事故和违章违制的统计上报；

⑧ 根据上级规定，督促检查个体防护用品、保健食品、清凉饮料的正确饮用。

五、爆破材料库主任的职责

① 负责制定仓库管理细则；

② 督促检查爆破器材保管员（发放员）的工作；

③ 及时上报质量可疑及过期的爆破器材；

④ 组织或参加爆破器材的销毁工作；

⑤ 督促检查库区安全情况、消防设施和防雷装置，发现问题，及时处理。

第二节　爆破作业人员的职责

根据爆破作业人员在爆破工作中的作用和职责范围，在《爆破安全规程》中把爆破作业人员分成：爆破工作领导人、爆破工程技术人员、爆破段（班）长、爆破员、爆破器材库主任、爆破器材保管员和爆破器材试验员。他们相互之间的关系见图5-1所示。《爆破安全规程》中规定，进行爆破工作的企业必须设有爆破工作领导人、爆破工程技术人员、爆破段（班）长和爆破器材库主任。

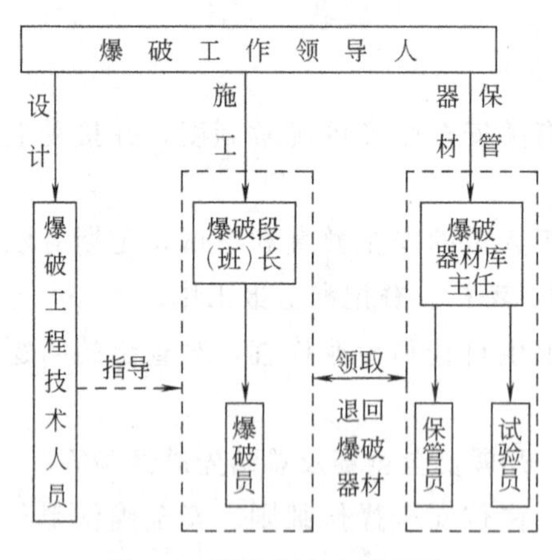

图5-1　爆破作业人员关系

在爆破工作领导人的领导下，爆破段（班）长直接领导、组织爆破员，按照爆破工程技术人员的爆破设计书或爆破说明书，前往爆破器材库，按规定领取爆破器材，并将其运到爆破作业地点，检查炮孔（或硐室），消除作业地点的不安全因素，加工起爆药包、装药、填塞、连线、警戒、发信号、起爆，检查爆破效果，进行瞎炮处理，将剩余的爆破器材交回爆破器材库。从爆破工作开始到结束，爆破施工和爆破器材搬运等工作都是由爆破段（班）长和爆破员完成的。《爆破安全规程》规定了爆破作业人员的职责。

一、爆破工作领导人的职责

① 主持制定爆破工程的全面工作计划，并负责实施；

② 组织爆破业务，爆破安全的培训工作和审查、考核爆破工作人员与爆破器材库管理人员；

③ 监督本单位爆破工作执行安全规章制度，组织领导安全检查，确保工程质量；

④ 组织领导重大爆破工程的设计、施工和总结工作；

⑤ 主持制定重大或特殊爆破工程的安全操作细则及相应的管理条例；

⑥ 参加本单位爆破事故的调查和处理。

二、爆破工程技术人员的职责

① 负责爆破工程的设计和总结，指导施工，检查质量；

② 制定爆破安全的技术措施，检查实施情况；

③ 负责制定盲炮处理的技术措施，进行盲炮处理的技术指导；

④ 参加爆破事故的调查和处理。

三、爆破段（班）长的职责

① 领导爆破员进行爆破工作；

② 监督爆破员切实遵守爆破安全细则和爆破器材的保管、使用、搬运制度；

③ 有权制止无《爆破员作业证》的人员进行爆破工作；

④ 检查爆破器材的现场使用情况和剩余爆破器材的及时退库情况。

四、爆破员的职责

① 保管所领取的爆破器材，不得遗失或转交他人，不准擅自销毁和挪作他用；

② 按照爆破指令单和爆破设计规定进行爆破作业；

③ 严格遵守作业规程和安全操作细则；

④ 爆破后检查工作面，发现瞎炮和其他不安全因素应及时上报或处理；

⑤ 爆破结束后，将剩余的爆破器材如数及时交回爆破器材库。

爆破段（班）长和爆破员必须熟练掌握职责范围内的安全技术，严格遵守《爆破安全规程》，遇到疑难问题，应及时请求爆破工程技术人员指导，并向爆破工作领导人请示报告。

第六章　爆破操作举案说理

爆破作业是采矿生产过程中的重要工序，其作用是利用炸药在爆炸瞬间释放出的能量对周围介质做功，以破碎岩体或煤体，达到掘进和采煤的目的。

在开采过程中使用大量的炸药。炸药从地面炸药库向井下运输的途中，装药和爆破过程中，未爆炸或未爆炸完全的炸药在装卸岩石或煤的过程中，都有发生爆炸的可能。爆炸产生的震动、冲击波和飞石对人员、设备设施、构筑物等有较大的损害。特别是煤矿采煤过程中的瓦斯和煤尘具有爆炸性，爆破时的火焰可能引起瓦斯或煤尘爆炸，煤矿爆破作业在爆破器材和工艺上与非煤矿山有很大不同。发爆器为本安型，引爆雷管为毫秒延迟雷管，装药时用炮泥封堵炮口，并有水炮泥尖灭火焰，降低爆破气体温度，配有瓦斯浓度鉴定器，实行“一炮三检”。常见的爆破危害除有震动、冲击波、飞石、拒爆、早爆、迟爆外，还有爆炸火焰外泄引起的瓦斯、煤尘爆炸等。

① 爆破作业中意外事故有：拒爆、早爆、自爆、迟爆、引起瓦斯或煤尘爆炸。

② 爆破产生的有害效应有：地震效应、飞石、冲击波、有害气体、引起瓦斯或煤尘爆炸事故。

③ 爆破事故产生的主要原因有：爆破后过早进入工作面；盲炮处理不当或打残眼；炸药运输过程中强烈振动或摩擦；装药或起爆工艺不合理或违章作业；警戒不到位，信号不完善，安全距离不够；爆破器材质量不良，点火迟缓，拖延点炮时间；非爆破作业人员作业或违章作业；使用爆炸性能不明的材料；所用发爆器防爆性能失效；使用普通电雷管放炮；装药时未用炮泥或炮泥长度不够；采掘工作面放炮未严格执行“一炮三检”制度；炸药库管理不严；有其他火源。

④ 在煤矿生产过程中，可能发生爆破事故的作业场所主要有：炸药库；运送炸药的巷道；爆破作业的采煤工作面或掘进工作面；爆破后的采煤工作面或掘进工作面；爆破器材加工场所等。

第一节　爆破器材的安全管理

【案例 1】 1990 年 8 月 10 日 10 时 40 分，某矿采煤二队某放炮员因内穿化纤衣裤，在机尾处加工引药时，由于摩擦产生静电，引起雷管、炸药爆炸，当场死亡。

【说理】 化纤衣服，是指用合成纤维纺织的衣料制成的衣服。由于化纤衣料绝缘电阻大，当它与人体或衣料之间发生摩擦时就会产生静电。经测试其静电压可达 $(1\sim5)\times10^4$ V。而且不易流失。电雷管耐静电压为 $(1\sim3)\times10^4$ V，如果接触爆破材料的人员穿化纤衣服进行操作，化纤衣服经摩擦很容易产生超过 $(1\sim3)\times10^4$ V 的静电压，从而引爆电雷管，造成爆破材料发生意外爆炸事故。

《煤矿安全规程》第十条规定：入井人员必须戴安全帽、随身携带自救器和矿灯，严禁携带烟草和点火物品，严禁穿化纤衣服，入井前严禁喝酒。煤矿企业必须建立入井检身制度和出入井人员清点制度。规程第二百九十五条明确指出：井上、下接触爆破材料的人员，必须穿棉布或抗静电衣服。

【案例 2】 黑龙江省某矿 1982 年 1 月 9 日，在 7 采区 254 采煤工作面，某领药工（未经培训）从井下爆破材料库领取 81kg 炸药和 280 发瞬发电雷管，并胡乱装载到同一条麻袋中，在井下背着走了 2800m，到工作面后，不顾炸药放置地点安全与否，随手扔下麻袋，使得雷管脚线与电钻明接头接触，瞬间发生雷管爆炸，造成 3 人死亡、1 人重伤的重大事故。

【说理】《煤矿安全规程》第六条规定：煤矿企业必须对职工进行安全培训。未经安全培训的，不得上岗作业。特种作业人员必须按国家有关规定培训合格，取得操作资格证书。

《煤矿安全规程》第三百一十四条规定：由爆破材料库直接向工作地点用人力运送爆破材料时，应遵守下列规定。

① 电雷管必须由爆破工亲自运送，炸药应由爆破工或爆破工监护下由其他人员运送。

② 爆破材料必须装在耐压和抗撞冲、防震、防静电的非金属容器内。电雷管和炸药严禁在同一容器内。严禁将爆破材料装在衣袋内。领到爆破材料后，应直接送到工作地点，严禁中途逗留。

③ 携带爆破材料上、下井时，在每层罐笼内搭乘的携带爆破材料的人员不得超过 4 人，其他人员不得同罐上下。

④ 再交接班、人员上下井的时间内严禁携带爆破材料人员沿井筒上下。

【案例 3】 1989 年 1 月 14 日，安徽某矿井下工作面停风两个多小时，瓦斯积聚达到爆炸浓度。放炮时使用的雷管是符合要求的许用瞬发电雷管，而炸药是不符合规定的 2 号硝铵炸药，放炮产生火焰引起瓦斯爆炸，12 人死亡、5 人受伤，直接经济损失 9.8 万元。

【说理】《煤矿安全规程》第三百二十条规定：井下爆破作业，必须使用煤矿许用炸药和煤矿许用电雷管。煤矿许用炸药的选用应遵守下列规定。

① 低瓦斯矿井的岩石掘进工作面必须使用安全等级不低于一级的煤矿许用

炸药。

② 低瓦斯矿井的煤层采掘工作面、半煤岩掘进工作面必须使用安全等级不低于二级的煤矿许用炸药。

③ 高瓦斯矿井、低瓦斯矿井的高瓦斯区域，必须使用安全等级不低于三级的煤矿许用炸药。有煤（岩）与瓦斯突出危险的工作面，必须使用安全等级不低于三级的煤矿许用含水炸药。

严禁使用黑火药和冻结或半冻结的硝化甘油类炸药。同一工作面不得使用2种不同品种的炸药。

在采掘工作面，必须使用煤矿许用瞬发电雷管或煤矿许用毫秒延期电雷管。使用煤矿许用毫秒延期电雷管时，最后一段的延期时间不得超过130ms。不同厂家生产的或不同品种的电雷管，不得掺混使用。不得使用导爆管或普通导爆索，严禁使用火雷管。

第二节 放炮的安全管理

【案例1】 1969年8月19日18时，某矿4118工作面放第三茬炮时，副班长、某放炮员和助手连好脚线后，放炮员说："放吧！"副班长说："你往外走吧，我到后边安排人放警戒去"。他们分手后，副班长就安排一名打壁龛工人放警戒，不要进入，自己就急速返回工作面，联系放炮。在副班长安排放警戒的同时，某放炮员一方面让一名钻眼工给放炮器充电，充好电又转交给放炮助手，另一方面自己拉母线，拉好母线，就从放炮助手手中接过放炮器，并插入母线，放炮员脸朝进风方向，未吹哨，也未和任何人联系，更未交换牌子就拧炮。炮响后，放炮助手和钻眼工先进入炮区，即发现副班长躺在人行道上，脖子上的伤口还在流血，待抬上井后已停止呼吸，抢救无效死亡。造成了一起违反"三人连锁放炮制"的死亡事故。

【说理】 "一炮三检制"是指在瓦斯矿井中放炮作业，放炮员、段（班）长、瓦斯检查员在装药前、放炮前、放炮后要认真检查放炮地点附近20m以内风流中的瓦斯。当瓦斯浓度达到1%时，不准放炮。

执行"一炮三检制"，是加强放炮前瓦斯检查，防止漏检，避免在瓦斯超限的情况下放炮。

"三人连锁放炮制"是指放炮员、段（班）长、瓦斯检查员在放炮前，放炮员将警戒牌交给班组长，由段（班）长派人警戒，下达放炮命令，并检查顶板与支架情况，将自己携带的放炮命令牌交给瓦斯检查员；瓦斯检查员在检查瓦斯、煤尘合格后，再将自己携带的放炮牌交给放炮员，由放炮员发出放炮口哨进行放炮，放炮后三牌各归原主，这就称“三人连锁放炮制”。

《煤矿安全规程》第三百三十一条规定：装药前和爆破前有下列情况之一的，严禁装药、爆破。

① 采掘工作面的控顶距离不符合作业规程的规定，或者支架有损坏，或者伞檐超过规定。

② 爆破地点附近 20m 以内风流中瓦斯含量达到 1.0%。

③ 在爆破地点 20m 以内，矿车未清除的煤、矸或其他物体堵塞巷道断面 1/3 以上。

④ 炮眼内发现异状、温度骤高骤低、有显著瓦斯涌出、煤岩松散、透老空等情况。

⑤ 采掘工作面风量不足。

【案例 2】 1961 年 5 月 25 日，某矿回采工作面放炮员装配引药时，顶板落下一块岩石，炸响雷管，引起雷管、炸药爆炸，4 人死亡。

1966 年 4 月，某矿掘进队在－430m 水平下掘进，某放炮员在装配引药时，抓住雷管硬拽脚线，引起雷管爆炸，将右手崩掉只剩一个大拇指。

1965 年 4 月 20 日，某矿掘进工作面，放炮员装配好引药后，未及时将两根脚线扭结好，碰到矿灯盒上，因灯盒漏电引起雷管、炸药爆炸，造成伤亡事故。

【说理】《煤矿安全规程》第三百二十四条规定：爆破工必须把炸药、电雷管分开存放在专用的爆炸材料箱内，并加锁；严禁乱扔、乱放。爆炸材料箱必须放在顶板完好、支架完整，避开机械、电气设备的地点。爆破时必须把爆炸材料箱放到警戒线以外的安全地点。

第三百二十五条指出：从成束的电雷管中抽取单个电雷管时，不得手拉脚线硬拽管体，也不得手拉管体硬拽脚线，应将成束的电雷管顺好，拉住前端脚线将电雷管抽出。抽出单个电雷管后，必须将其脚线扭结成短路。

第三百二十六条明确提出：装配起爆药卷时，必须遵守下列规定。

① 必须在顶板完好、支架完整、避开电气设备和导电体的爆破工作地点附近进行。严禁坐在爆炸材料箱上装配起爆药卷。装配起爆药卷数量，以当时当地需要的数量为限。

② 装配起爆药卷必须防止电雷管受振动、冲击，折断脚线和损坏脚线绝缘层。

③ 电雷管必须由药卷的顶部装入，严禁用电雷管代替竹、木棍扎眼。电雷管必须全部插入药卷内。严禁将电雷管斜插在药卷的中部或捆在药卷上。

④ 电雷管插入药卷后，必须用脚线将药卷缠住，并将电雷管脚线扭结成短路。

【案例 3】 1979 年 3 月，某矿采煤工作面炮眼没掏煤粉，炸药爆燃，由于工作面停风，造成瓦斯积聚，爆燃引起瓦斯燃烧，2 人死亡。

四川省某矿采煤工作面，把药卷纸装入炮眼中代替炮泥，放炮时引起瓦斯爆炸，造成死亡 114 人的特大恶性事故。

【说理】《煤矿安全规程》第三百二十七条规定：装药前，首先必须清除炮眼内的煤粉或岩粉，再用木质或竹质炮棍将药卷轻轻推入，不得冲撞或捣实。炮眼内的各药卷必须彼此密接。

有水的炮眼，应使用抗水型炸药。

装药后，必须把电雷管脚线悬空，严禁电雷管脚线、爆破母线与运输设备以及采掘机械等导电体相接触。

第三百二十八条规定：炮眼封泥应用水炮泥，不燃性的、可塑性松散材料制成的炮泥封实。严禁用煤粉、块状材料或其他可燃性材料作炮眼封泥。

无封泥、封泥不足或不实的炮眼严禁爆破。严禁裸露爆破。

第三百二十九条规定：炮眼深度和炮眼的封泥长度应符合下列要求。

① 炮眼深度小于 0.6m 时，不得装药、爆破；在特殊条件下，如挖底、刷帮、挑顶确需浅眼爆破时，必须制定安全措施，炮眼深度可以小于 0.6m，但必须封满炮泥。

② 炮眼深度为 0.6～1m 时，封泥长度不得小于炮眼深度的 1/2。

③ 炮眼深度超过 1m 时，封泥长度不得小于 0.5m。

④ 炮眼深度超过 2.5m 时，封泥长度不得小于 1m。

⑤ 光面爆破时，周边光爆炮眼应用炮泥封实，且封泥长度不得小于 0.3m。

⑥ 工作面有 2 个或 2 个以上自由面时，在煤层中最小抵抗线不得小于 0.5m，在岩层中最小抵抗线不得小于 0.3m。浅眼装药爆破大岩块时，最小抵抗线和封泥长度都不得小于 0.3m。

【案例 4】 1958 年 10 月 16 日，某矿溜煤眼堵塞，先用穿孔机打钻，无效，又在下口以上 7～8m 处用长杆绑上炸药（俗称“挂灯笼”）进行放炮，亦未崩透，却使煤尘飞扬起来，第二次又“挂灯笼”放炮，结果引起煤尘爆炸，死伤数人。回风流串入两个采煤工作面后，又引起部分人一氧化碳中毒。

1976 年 6 月 12 日，某矿务局某矿溜煤眼下口处堵塞，用“挂灯笼”法放炮处理，引起瓦斯爆炸。

【说理】 由于溜煤眼堵塞是矿井经常遇到的问题，又是影响安全和生产的重大问题，因此《煤矿安全规程》第三百三十条规定：处理卡在溜煤（矸）眼中的煤、矸时，如果确无爆破以外的办法，可爆破处理，但必须遵守下列规定。

① 必须采用取得煤矿矿用产品安全标志的用于溜煤（矸）眼的煤矿许用刚性被筒炸药或不低于该安全等级的煤矿许用炸药。

② 每次爆破只准使用1个煤矿许用电雷管，最大装药量不得超过450g。

③ 爆破前必须检查溜煤（矸）眼内堵塞部位的上部和下部空间的瓦斯。

④ 爆破前必须洒水。

【案例5】 1967年10月5日，某矿北西顺槽正巷，放炮后出完煤准备支棚刨柱窝时，发现有60cm长的脚线裸露，工人甲对身边的工人乙说，“这个炮不知是残爆，还是瞎炮？是不是再放一放”。工人甲说边用镐刨，刨了5～6下，刨响了瞎炮。工人甲由于伤势过重抢救无效死亡，工人乙双眼被崩成重伤。

【说理】《煤矿安全规程》第三百四十一条和第三百四十二条规定：通电以后拒爆时，爆破工必须先取下把手或钥匙，并将爆破母线从电源上摘下，扭结成短路，再等一定时间（使用瞬发电雷管时，至少等5min；使用延期电雷管时，至少等15min），才可沿线路检查，找出拒爆的原因。

处理拒爆、残爆时，必须在班组长指导下进行，并应在当班处理完毕。如果当班未能处理完毕，当班爆破工必须在现场向下一班爆破工交接清楚。

处理拒爆时，必须遵守下列规定。

① 由于连线不良造成的拒爆，可重新连线起爆。

② 在距拒爆炮眼0.3m以外另打与拒爆炮眼平行的新炮眼，重新装药起爆。

③ 严禁用镐刨或从炮眼中取出原放置的起爆药卷或从起爆药卷中拉出电雷管。不论有无残余炸药严禁将炮眼残底继续加深；严禁用打眼的方法往外掏药；严禁用压风吹拒爆（残爆）炮眼。

④ 处理拒爆的炮眼爆炸后，爆破工必须详细检查炸落的煤、矸，收集未爆的电雷管。

⑤ 在拒爆处理完毕以前，严禁在该地点进行与处理拒爆无关的工作。

【案例6】 1985年3月14日20时45分，某矿一号井某巷道掘进工作面正副巷同时装药放炮，因放炮母线没有挂起，都拉在联络巷，致使副巷放炮错接正巷母线，造成崩伤正巷2人的放炮事故。

【说理】《煤矿安全规程》第三百三十四条规定：爆破母线和连接线应符合下列要求。

① 煤矿井下爆破母线必须符合标准。

② 爆破母线和连接线、电雷管脚线和连接线、脚线和脚线之间的接头必须相互扭紧并悬挂，不得与轨道、金属管、金属网、钢丝绳、刮板输送机等导电体相接触。

③ 巷道掘进时，爆破母线应随用随挂。不得使用固定爆破母线，特殊情况下，在采取安全措施后，可不受此限。

④ 爆破母线与电缆、电线、信号线应分别挂在巷道的两侧。如果必须挂在同一侧，爆破母线必须挂在电缆的下方，并应保持0.3m以上的距离。

⑤ 只准采用绝缘母线单回路爆破，严禁用轨道、金属管、金属网、水或大地等当作回路。

⑥ 爆破前，爆破母线必须扭结成短路。

【案例 7】 1990 年 2 月 18 日 4 时，某矿二号井上山采煤时，检查人员发现有明显透水征兆，当即报告矿领导并由生产井长签字下达了停止作业的隐患通知书。次日，在未采取任何防范措施的情况下，三班班长征得生产井长同意后，继续在 1 号上山放炮打切眼开 2 号上山采煤，结果打透日伪时期开采过的华坞二竖坑老空积水，透水量 39735m^3，淹没井下主要巷道，造成 16 人死亡、直接经济损失 11.5 万元的特大透“老空”水害事故。

【说理】“老空”是井下采空区、老窑和已报废巷道的总称。其内往往积存着大量的水、瓦斯和有害气体，如果在没有预防措施的情况下与老空打透，就可能发生透水、瓦斯爆炸、有害气体中毒（窒息）等事故。所以，在老空区附近放炮时，必须采取如下安全措施。

① 距穿透“老空”15m 前，必须搞清老空具体位置和面积，以及积水、瓦斯、火等情况，以便及时采取放水、瓦斯排放、火区封闭等措施，否则不准放炮。

② 打眼时，如发现炮眼内出水、温度骤然升高或降低、有大量瓦斯涌出或煤（岩）松散等情况，应停止放炮、查明原因。

③ 放炮穿透老空时，所有人员都应撤到安全地点后，在确认老空无危险情况时，才准恢复工作。

④ 必须坚持“有疑必探，先探后掘”的原则，发现异常现象，必须查明原因，采取有效措施，以免误入老空，发生透水、发火、大量涌出瓦斯及瓦斯爆炸等事故。

【案例 8】 1982 年 10 月 22 日，某矿 7504 切眼掘进过程中，没有探明 7502 轨道巷中的积水情况，没有掌握掘进工作面至 7502 巷的准确距离，加之生产技术管理混乱，施工人员缺乏安全知识，对透水前的明显预兆毫无察觉，也未采取任何预防措施。当切眼与轨道巷放炮掘透后，从掘透地点涌出大量积水，冲垮大巷支架 80m，当场造成死亡多人的重大事故。

【说理】 透水事故是煤矿五大灾害之一。由于地质情况和采空区位置不明或测量不准确，以及早年小窑的存在，往往在放炮时穿透积水区造成积水突然涌出，冲毁设备，伤亡人员，甚至淹没矿井的严重事故。因此，在积水地区附近放炮时，必须加强管理，并采取如下安全措施。

① 在接近溶洞、含水丰富的地层（流沙层等）有水源的含水断层（与河流、含水岩层相沟通），接近被淹井巷和老空，打开隔离煤柱放水等有遇水危险地点进行放炮时，必须坚持“有疑必探，先探后掘”的原则。

② 接近积水地区时，要根据实际情况编制切实可行的探放水设计和安全措施，否则严禁放炮。

③ 工作面如发现有透水预兆（挂锈、出汗、空气变冷、发生雾气、水叫声、顶板淋水加大、底板胃水、顶板来压、底板鼓起或产生裂隙发生涌水、水色变浑或其他异状）时，必须停止放炮，及时汇报，查明原因，采取措施。若情况危急，人员要立即撤出受水害威胁的地点。

④ 放炮时，如发现煤岩变松软、潮湿以及炮眼渗水等异状，严禁放炮；在打眼时发现炮眼透水，要立即停止钻眼，并不许拔出钻杆。

【案例 9】 1962 年 5 月，安徽某矿在硫化矿床内进行大爆破时，药包发生自动爆炸事故，给矿山生产和安全带来了严重危害。这样自爆的事故，20 世纪 70 年代和 80 年代，在江西的铜矿和湖南的铅锌矿发生过。

【说理】 药包自爆的原因，是由于这些矿都属于高硫高温矿床，硫化矿石发生氧化反应并放出大量的热量，而反应放出的热量反过来又加剧了硫化矿石的氧化反应，导致炮孔温度升高，最终引起炸药燃烧或爆炸。在有雷管的药包中，炸药燃烧引起雷管爆炸，从而引起其他炸药爆炸；在没有雷管的药包时，一种情况是炸药全部燃烧完，另一种情况是在密闭条件下，由燃烧转为爆炸。硫化矿药包自爆的特点是先燃烧后爆炸，爆炸前一般能看到棕色烟雾并能闻到二氧化氮气味。

要想预防硫化矿药包自爆，首先测定化验是否具备自爆条件，当孔内温度大于 35℃时，应采取灌浆等降温措施后方可装药起爆；其次，采用非硝铵类炸药，如采用硝铵类炸药，必须消除孔内矿粉，并将炸药和矿石隔开，使炸药和矿石不直接接触，可使用塑料包装炸药，同时一定注意不得用硫化矿渣充填炮孔。

附录 1　工业雷管编码通则 (GA 441—2003)

1. 范围

本标准规定了工业雷管编码的基本原则，编码方法和标注等内容。

本标准适用于工业雷管编码的管理。

2. 规范性引用文件

下列文件中的条款通过本标准的引用而成为本标准的条款，凡是注日期的引用文件，其随后所有的修改单（不包括勘误的内容）或修订版均不适用于本标准，本标准鼓励根据本标准达成协议的各方研究是否使用这些文件的最新版本，凡是不注日期的达成协议的最新版本适用于本标准。

3. 术语和定义

下列术语和定义适用于本标准。

(1) 编码　按一定规则用一组数字或字母表示工业雷管有关信息的代号。

(2) 标注　用技术手段，在工业雷管壳的表面进行编码。

(3) 特征号　用于区分同一生产日期内生产相同品种、不同批次、不同机台或不同数量区段内的产品编码代号。

(4) 补码　在生产过程中产品数量缺少时，需补充的产品编码，按照特定规定补充的编码为专用补码。

(5) 异常码　雷管编码信息与要求不符的编码。

4. 基本规则

① 每发工业雷管出厂时必须有编码。

② 工业雷管编码必须在 10 年内具有惟一性。

③ 在工业雷管基本包装单元（以下简称盒）内应装有（工业雷管编码信息随盒登记表）（示例参见附录表 1-1），其内容应包括：生产企业名称及其代号；生产日期代号、特征号和盒号登记表；与装盒规格对应的所有雷管顺序号；异常码记录栏；领用人签名栏；发放人及发放日期和审核日期；以及需要说明的其他事项。

盒的外表面应粘贴一张包含盒内雷管编码关联信息的一维条码，条码上应标有生产企业名称、产品、品种、装盒数量等汉字信息。

④ 在工业雷管包装箱内应装有《工业雷管编码信息随箱登记表》（示例参见附录表 1-2），其内容应包括：生产企业名称及其代号；生产日期代号和箱号登记栏；与整箱规格对应的盒号及领用人登记栏；发放人及发放日期；审核人日期；以及其他需要说明的事项。

附录表 1-1　工业雷管编码信息随盒登记表示例

×××(生产企业名称)工业雷管编码信息随盒登记表 生产企业代号：　生产日期代号：　特征号：　箱号：										
十位数字	领用人签字									
	0	1	2	3	4	5	6	7	8	9
0										
1										
2										
3										
4										
5										
6										
7										
8										
9										
异常码记录										
备注	1. 横栏“个位数字 0～9”是指盒内雷管顺序号的个位数字，纵栏“十位数字 0～9”是指盒内雷管顺序号的十位数字，中间栏为领用人签名栏 2. 本登记表由雷管保管发放员负责填写，记录是否符合规定要求由单位负责人审核，应保存 5 年以上，以备查验									
发放人(签名)：　发放日期：　年　月　日 审核人(签名)：　审核日期：　年　月　日										

附录表 1-2　相同日期生产的工业雷管编码信息随箱登记表示例

×××(生产企业名称)工业雷管编码信息随箱登记表 生产企业代号：　生产日期代号：　箱号：										
盒号										
领用人										
盒号										
领用人										
盒号										
领用人										
盒号										
领用人										
盒号										
领用人										
盒号										
领用人										
⋮										
备注	1. 本登记表中的领用人是指购买人、发放人包括销售人 2. 本登记表由雷管保管员负责填写，记录是否符合规定要求由单位负责人审核，应保存 5 年以上，以备查验									
发放人(签名)：　发放日期：　年　月　日 审核人(签名)：　审核日期：　年　月　日										

在箱的外表面明显处贴有两张包含箱内雷管编码关联信息的一维条码，条码上应标有生产企业名称、产品品种、装箱数量、生产日期等汉字信息。

⑤ 一维条码的制作按GA/T 18347执行，所载信息应清楚，易于识读登记，不应有明显污迹，且粘贴牢固。

⑥ 工业雷管出厂时应随箱提供《工业雷管信息编码使用说明书》(示例参见附录表1-3)，其内容至少应包括：编码的排列布置方式及含义、填写工业雷管编码信息随盒（箱）登记说明、异常码说明等。

附录表1-3 工业雷管信息编码使用说明示例

×××(生产企业名称)工业雷管编码使用信息说明
1. 本批雷管编码的排列布置方式及含义(由生产企业说明) 2. 当打开盒发放雷管时，须将生产日期的代号、特征号(当并入盒号使用时可不再单独登记)、盒号(盒条码上的黑体阿拉伯数字)和与雷管顺序号对应的领用人姓名填入《工业雷管编码信息随盒登记表》相应的空格内，当以盒为单位发放(或销售)雷管时，须将生产日期代号、箱号(箱条码上黑体阿拉伯数字)、盒号和对应的领用人(或购买人)姓名填入《工业雷管编码信息随盒登记表》相应的空格内 3. 当13位雷管编码的第9位编码为英文字母B时，表示该雷管编码为在生产过程中因抽检出现废品等原因所补入的专用补码 4. 异常码处理：异常码是指个别雷管编码信息与常规不符的编码，如重码等。对异常码雷管应将号码和发放情况登记在随盒登记单“异常码记录”空格内，并告知领用人同时做好记录。对发现的异常码情况(专用码除外)，请及时向本企业通报反馈，以便及时改进予以杜绝 5. 专用补码编码应记录在《工业雷管编码信息随盒登记表》“异常码记录”栏内 6. 其他需要说明的问题(由生产企业自定)

⑦ 工业雷管批量销售时，必须填写《工业雷管批量销售编码信息登记表》(示例参见附录表1-4)，其内容至少应包括：登记单位；雷管品种；生产单位；生产日期；购买单位；购买日期；购买证、运输证核发单位；购买证编码；运输证编码；箱流水号；登记人及登记日期；审核人及审核日期；以及其他需要说明的事项。

5. 编码方法

(1) 编码组成　编码采用13位字码，由生产企业代号、生产年份代号、生产月份代号、生产日代号、特征号及流水号组成。

① 生产企业代号：用“01～99”两位阿拉伯数字表示。

② 生产年份代号：用“0～9”一位阿拉伯数字表示公元世纪末位年份。

③ 生产月份代号：用“01～12”两位阿拉伯数字表示1～12月份。

④ 生产日代号：用“01～31”两位阿拉伯数字表示1～31日。

⑤ 特征号：用一位英文字母（大写英文字母B、小写英文字母c、o、s、u、v、w、x、z除外）表示，也可以用一位阿拉伯数字表示，具体可以是编码机机台号、雷管品种代号、雷管编码的分段号或并入盒号使用。

⑥ 流水号：用五位阿拉伯数字表示，应连续布置，不应分割，且便于阅读和用户发放登记管理。其中前三位表示盒号，当三位数字不能满足生产需要时，可将特征号位作为盒号使用，后两位表示盒内雷管顺序号。

附录表 1-4　工业雷管批量销售编码信息登记表示例

工业雷管批量销售编码信息登记表

登记单位：

雷管品种	生产单位	购买单位	购买日期	购买证、运输证核发单位	购买证编号	运输证编号	编码信息	
							生产日期	箱流水号
备注	1. 本登记表适用于民爆器材生产、经营等单位整箱批量销售雷管的编码信息登记 2. 雷管生产企业使用本登记表时，栏内“生产单位”可不登记 3. 生产时间是指条码的第 9 位至第 14 位，箱流水号是指箱条码的最后 3 位 4. 本登记表由销售单位仓库保管员或销售人员负责填写，记录是否符合规定要求由单位负责人审核，应保存 5 年以上，以备查验							

登记人(签名)：　　登记日期：　年　月　日

审核人(签名)：　　审核日期：　年　月　日

（2）补码

① 生产过程中需要进行补码时，宜补雷管编码或用专用补号编码代替。

② 专用补号编码方法为：13 位编码前 8 位含义不变，后 5 位流水号第 1 位用英文字母 B 表示，后 4 位为补码顺序号。

③ 专用补号编码必须在 10 年内保证惟一性，并与原雷管编码一一对应，记入，《工业雷管专用补号编码对应登记表》（示例参见附录表 1-5）。

附录表 1-5 工业雷管专用补号编码对应登记表示例

×××(生产企业名称)工业雷管专用补号编码对应登记表 原编码雷管生产日期代号：　　专用补号编码雷管生产日期代号：									
原雷管编码			专用补号编码		原雷管编码			专用补号编码	
特征号	盒号	盒内雷管流水号	特征号	补码流水号	特征号	盒号	盒内雷管流水号	特征号	补码流水号
				B					B
				B					B
				B					B
				B					B
				B					B
				B					B
				B					B
				B					B
				B					B
				B					B
				B					B
				B					B
剔除废品雷管销毁记录	销毁负责人：　　销毁日期：　　年　　月　　日								
备注	1. 在原雷管编码中，当特征号并入盒号使用时，原雷管编码不登记特征号，只登记盒号(4位) 2. 本登记表由岗位工作人员负责填写，记录是否符合规定要求由岗位负责人审核 3. 本登记表应保存5年以上，以备查验								
登记人(签名)：　　登记日期：　　年　　月　　日 审核人(签名)：　　审核日期：　　年　　月　　日									

6. 标注要求

① 标注时，编码的排列可沿管壳圆周方向布置，也可沿管壳轴线方向布置。典型的排列方式示例如下。

a. 沿管壳圆周方向布置及含义为：

012A

050699988

13位字码的排列顺序由双排字码起，顺时针方向转动，其含义依次为：上排“01”为生产企业代号（×××生产企业名称），“2”为生产年份代号（2002年），“A”为特征号（第A号编码机）；下排“05”0为生产月份代号（5月），“06”为生产日代号（6日），“999”为盒号（第999盒），“88”为盒内雷管顺序号（第 999 盒内第 88 发雷管）。

b. 沿管壳轴线方向布置及含义为：

5720506191166

13 位字码的含义依次为：“57”为生产企业代号（×××生产企业名称），“2”为生产年份代号（2002 年），“05”为生产月份代号（5 月），“06”为生产日代号（6 日），“1”为特征号（第 1 号编码机），“911”为盒号（第 911 盒），“66”为盒内雷管顺序号（第 911 盒内第 66 发雷管）。

② 标注应采用刻（压）痕方法，必须确保雷管生产安全，标注后不应破坏雷管结构并仍能保证其使用性能。

③ 每个字码痕迹宽度应不小于 0.1mm，纸壳雷管的字码痕迹的深度应不小于 0.1mm，金属壳雷管的字码痕迹深度不小于 0.006mm，字码间距应不小于 0.1mm。

④ 编码字体应为单笔画标准体，流水号字码高度应不小于 2.5mm，其他字码高度应不小于 1.6mm，通常光线下目测清晰可辨。

附录2　爆破作业人员职业技能鉴定试题范例

试题	一	二	三	四	五	总分
得分						

一、是非题（每题1分，共20分，对的打√，错的打×）

1. 雷管和导火索不可以储存在同一库房里。（　　）

2. 发生炸药燃烧时，要用沙子掩盖灭火。（　　）

3. 在有瓦斯、煤尘爆炸危险的矿井中可以使用秒延期电雷管。（　　）

4. 运输硝化甘油类炸药或雷管，不超过两层，其层间须铺软垫。（　　）

5. 煤矿井下，用架线式电机车运输电雷管，装卸时，机车必须断电。（　　）

6. 在交接班，人员上下井的时间严禁携带爆炸材料人员沿井筒上下。（　　）

7. 用燃烧法销毁失效的爆破材料时，在燃烧过程中添加被销毁的物品或燃料是可以的。（　　）

8. 雷管和导爆索易爆，即可以采用烧毁法销毁，也可以采用爆毁法处理。（　　）

9. 雷管电阻测试值在3～6Ω被认为报废雷管。（　　）

10. 运输爆破材料的车辆，车厢不得用栏杆加高，并必须插有“危险”字样的红旗。（　　）

11. 禁止在夜间、雨天、雾天和三级风以上的天气里销毁爆破器材。（　　）

12. 进入井下爆破材料库的人员必须携带矿灯、自救器。（　　）

13. 井下爆破材料库的炸药和电雷管可以不分开储存。（　　）

14. 大块岩石爆破时，必须在岩石表面上放置炸药再盖上泥土。（　　）

15. 处理卡在溜煤眼中的煤、矸时，可以采用普通炸药直接爆破。（　　）

16. 爆破员接到起爆命令后，必须立刻起爆。（　　）

17. 爆破前，脚线的联结工作可由经过训练的段（班）长协助爆破员进行。（　　）

18. 爆破作业前，必须做出爆破网路全电阻检查，检查的方法是：采用发爆器打火放电检测电爆网路是否导通。（　　）

19. 1个采煤工作面最好使用2台或3台发爆器同时爆破。（　　）

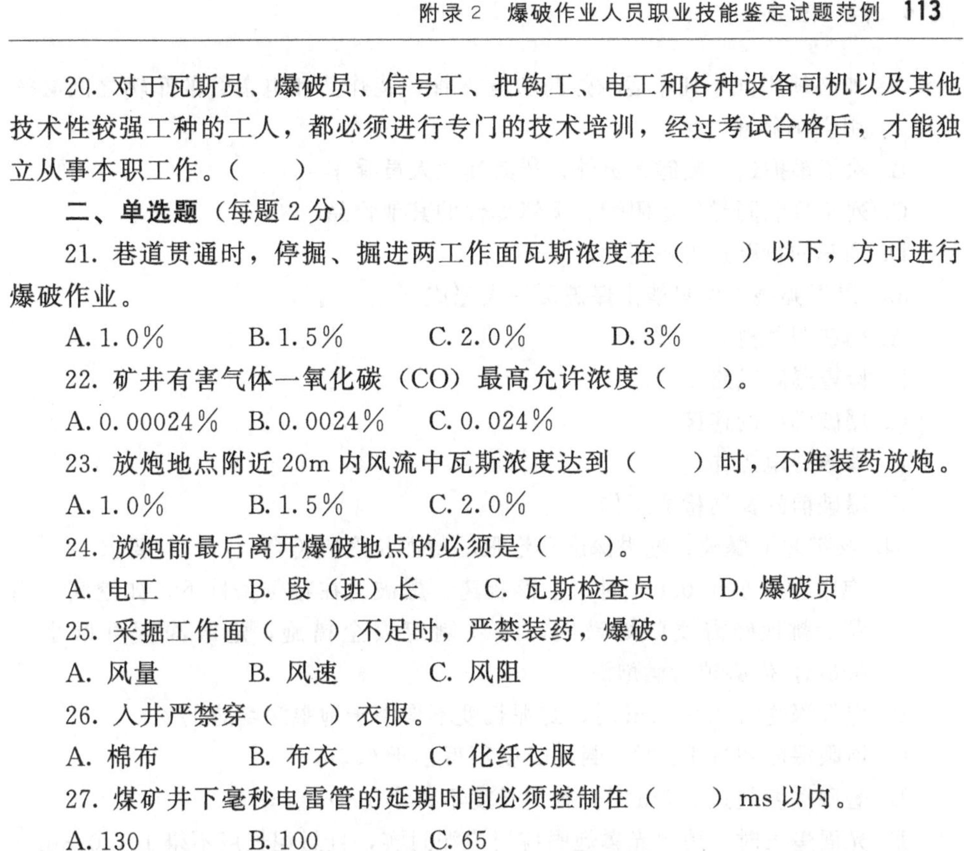

20. 对于瓦斯员、爆破员、信号工、把钩工、电工和各种设备司机以及其他技术性较强工种的工人，都必须进行专门的技术培训，经过考试合格后，才能独立从事本职工作。（　　）

二、单选题（每题2分）

21. 巷道贯通时，停掘、掘进两工作面瓦斯浓度在（　　）以下，方可进行爆破作业。

A. 1.0%　　B. 1.5%　　C. 2.0%　　D. 3%

22. 矿井有害气体一氧化碳（CO）最高允许浓度（　　）。

A. 0.00024%　　B. 0.0024%　　C. 0.024%

23. 放炮地点附近20m内风流中瓦斯浓度达到（　　）时，不准装药放炮。

A. 1.0%　　B. 1.5%　　C. 2.0%

24. 放炮前最后离开爆破地点的必须是（　　）。

A. 电工　　B. 段（班）长　　C. 瓦斯检查员　　D. 爆破员

25. 采掘工作面（　　）不足时，严禁装药，爆破。

A. 风量　　B. 风速　　C. 风阻

26. 入井严禁穿（　　）衣服。

A. 棉布　　B. 布衣　　C. 化纤衣服

27. 煤矿井下毫秒电雷管的延期时间必须控制在（　　）ms以内。

A. 130　　B. 100　　C. 65

28. 易冻硝化甘油炸药在气温低于（　　）℃和难冻硝化甘油炸药在气温低于15℃时，感度升高。运输时必须采取保温防冻措施。

A. 0　　B. 10　　C. 15

29. 爆破员不得提前班次领取爆破器材。一人一次背运原包装炸药（　　）箱（袋）。

A. 1　　B. 2　　C. 3

30. 施工时，应避免导爆索拐死弯、打结、扭折。在交错敷设的导爆索之间加一厚度不小于（　　）cm的垫块，以免发生诱爆。

A. 1　　B. 5　　C. 10

三、多选题（每题2分）

31. 煤矿企业必须建立（　　）。

A. 爆破材料领退制度

B. 电雷管编号制度

C. 爆破材料丢失处理办法

D. 爆破材料销毁制度

32. 井下用机车运送爆破材料时，应遵守的安全规定有（　　）。

A. 如必须用同一列车运输炸药和电雷管，装炸药和电雷管的车辆之间必须用空车隔开
B. 除了跟护送、装卸人员外，严禁其他人员乘车
C. 列车只能同时运送阻燃、无爆炸性的其他物品
D. 列车的行驶速度不得超过 2m/s
33. 以下哪些工作只能由爆破员一人完成（　　）。
A. 爆破母线连接脚线
B. 检查爆破线路
C. 爆破脚线的连接
D. 爆破通电工作
E. 爆破前的瓦斯检测工作
34. 煤矿井下爆破，炮眼深度和炮眼的封泥长度应符合（　　）要求。
A. 炮眼深度小于 0.6m 时，不得装药、爆破。在特殊条件下，如挖底、刷帮、挑顶确需浅眼爆破时，必须制定安全措施，炮眼深度可以小于 0.6m，但必须封满炮泥
B. 炮眼深度为 0.6～1m 时，封泥长度不得小于炮眼深度的 1/2
C. 炮眼深度超过 1m 时，封泥长度不得小于 0.5m
D. 炮眼深度超过 2.5m 时，封泥长度不得小于 1m
E. 光面爆破时，周边光爆炮眼应用炮泥封实，且封泥长度不得小于 0.3m
35. 起爆器材出现下列情况（　　）时，应予以销毁。
A. 由于某种原因在装药内混入了杂质或变质，安定性无保障者
B. 各种雷管、导爆索、导火索、起爆药柱等，由于超期存放，或因在储存、运输、燃速不稳定的起爆器材
C. 不符合国家技术标准的起爆器材
D. 收缴、检拾、废品回收的起爆器材
36. 巷道掘进中掏槽眼排列形式很多，归纳起来有（　　）。
A. 倾斜掏槽
B. 垂直掏槽
C. 楔形掏槽
D. 混合掏槽
37. 下列关于铵梯炸药描述正确的是（　　）。
A. 铵梯炸药是以硝酸铵为主要成分的混合炸药
B. 铵梯炸药具有较强的吸湿性和结块性，结成硬块且未揉松或水分超过 0.5%铵梯炸药，严禁在井下使用
C. 煤矿安全炸药就是在铵梯炸药中加入了 15%～20%的消焰剂食盐

D. 铵梯炸药的主要成分是硝酸铵，配以适量的柴油及木粉而成

38.《爆破安全规程》中规定爆破作业人员有：(　　) 等人员。

A. 爆破员

B. 保管员

C. 押运员

D. 瓦斯员

E. 爆破段（班）长

39. 在高瓦斯矿井、低瓦斯矿井的高瓦斯区域的采掘工作面进行爆破，下列做法正确的是（　）。

A. 使用毫秒延期电雷管

B. 必须采用反向起爆

C. 用爆破后块状岩石封堵炮眼

D. 使用安全等级不低于三级的煤矿许用炸药

40. 下面关于地面爆破叙述正确的是（　）。

A. 为使爆破后得到平整底板，不留根底，梯段爆破中炮孔深度应大于梯段高度

B. 硐室爆破分抛掷爆破和松动爆破两种，标准抛掷仅用于加强抛掷

C. 爆破拆除时，先破坏建筑物主要结构支撑，并靠重力使建筑物按规定方向坍塌到预定地点，实现控制爆破的目的

四、问答题（每题 5 分）

41. 炸药和雷管为什么要分别存放?

42. 火药库为什么不准带矿灯入内?

43. 电雷管在使用以前为什么要进行编码?

44. 当炮眼潮湿或有水时如何装药?

五、简述题（20 分）

45. 根据你单位的具体情况，结合自己所从事的工作，谈谈你单位在爆破器材使用和管理方面存在哪些问题或隐患，如何改进?

参考答案：

一、1. ×；2. ×；3. ×；4. √；5. √；6. √；7. ×；8. √；9. ×；10. ×；11. √；12. ×；13. ×；14. ×；15. ×；16. ×；17. √；18. ×；19. ×；20. √。

二、 21. A； 22. B； 23. A； 24. D； 25. A； 26. C； 27. A； 28. B；29. A；30. C。

三、31. ABCD；32. ABD；33. ABD；34. ABCDE；35. ABCD；36. ABD；37. ABC；38. ABE；39. AD；40. AC。

四、41. 因为炸药和雷管是分别属于两个不同品种、不同性能的爆炸物品，

在正常条件下，炸药在不受外界能量（热能和功能）激发时只分解而无爆炸的危险，但雷管和炸药不同，雷管内有一定的起爆药，其灵敏度高，当受到外界因素，如摩擦或撞击时，便可在瞬间发生起爆，所产生的热能和冲击波波及到炸药并足以引爆时，炸药就有被引爆的危险，所以炸药和雷管要分别存放。

42. 首先，矿灯是不防爆的，使用过程中易有火花产生，如遇硐室或壁槽通风不好，容易引起爆炸事故；其次，矿灯盒配制使用的是盐（硫）酸液，如发生滴漏就会引起物件的腐蚀并产生热量，同时产生一定的有害气体，造成意外事故，因此火药库不准带矿灯入内。

在无照明或停电的情况下，必须使用矿灯进入库内清点或搬运爆炸物品时，矿灯外面必须套封闭的胶套，并要求存放于发放地点以外。

43. 电雷管在使用前都要编码，做到一管一码，其目的是加强雷管的管理，增强放炮员对电雷管使用过程管理的责任心，防止乱扔、乱放、丢失、被盗现象的发生或使用不当造成事故；有利节约，降低材料消耗；对因管理不善而丢失、被盗的雷管，易于按编码追查责任者。

44. 当炮眼潮湿或有水时，往往影响炸药的起爆，降低爆破效果或拒爆，也会产生半爆等问题。因此，发生上述情况时，一是使用防水炸药；二是使用防水套，将引药全部套起并严密封口；三是装炮和放炮时间不能太长，以防雷管和炸药受潮，影响爆破效果。

五、45. 略

参 考 文 献

1 国家安全生产监督管理总局．安全评价．北京：煤炭工业出版社，2005
2 王文龙．钻眼爆破．北京：煤炭工业出版社，1983
3 宋西陀．巷道掘进．北京：煤炭工业出版社，1987
4 廉兴有．爆破员培训教材．太原：山西省公安厅治安管理总队，2004
5 煤矿安全技术培训统编教材编委会．采煤区（队）长．北京：煤炭工业出版社，1994
6 吴强，秦宪礼，张波．煤矿安全技术与事故处理．徐州：中国矿业大学出版社，2001
7 中华人民共和国公安部．工业雷管编码通则．北京：中华人民共和国公安部，2003

内 容 简 介

全书共分六章，介绍了爆破基础知识、爆破器材安全管理、爆破操作技术、爆破技术、涉爆人员的职责以及爆破操作举案说理等方面的内容。

本书作为全国爆破安全教育专用教材，也可作为大专院校师生教学参考用书，还可供爆破管理人员和爆破工程技术人员参考。